美国注册营养师
陈秋惠　著

素食内外美

中国轻工业出版社

生活方式医学不仅是医学，更是生活美学

《“健康中国2030”规划纲要》的要点之一是“推进全民健康生活方式行动”，让每个人做自己健康的第一责任人。生活方式医学作为21世纪的新兴医学专科，对实现健康中国战略有着重要推动作用，其核心包括了营养科学、运动生理学、睡眠科学、心理学、社会人际关系学以及戒烟限酒等六大板块。本书作者陈秋惠女士是亚洲第一批获得国际生活方式医学会专科认证的临床营养师，本书将生活方式医学的健康知识与生活美学相结合，充分诠释了生活方式医学不仅仅是医学，更是生活美学，它可以使你的人生更加美好、丰满、幸福。希望本书给大家带来生活方式的改变，成为你美好人生的新起点！

马欣

从饮食生活着手，
预防疾病上门

现代化的生活和先进的医学使人类的寿命延长，却同时意味着身体患慢性病的概率会增加。统计数字上的长寿并未能真正代表有自主能力的健康人生。各种慢性病、癌症和药物、手术对个人及家人在身心、时间和经济上所带来的煎熬实在非笔墨可以形容。

“病是吃出来的，病的根源就在生活里”。与其容许自己被动无奈地等待疾病找上门，然后再花九牛二虎之力进行后期医治，过程既无奈又辛苦，效果往往也不理想、令人失望，而且会造成身体元气大伤；不如轻松地从饮食生活着手，预防疾病找上门，让生命尽情绽放，从而不枉此生。

随着医学和营养学在临床研究上不断更新，全蔬食饮食（Whole Food Plant Based Diet）对健康的益处已是毋庸置疑。最好的食物其实很早并且一直都由泥土供应给了我们，关键是我们懂得运用吗？

新鲜、清洗干净的植物性食物（植物性饮食）+食物本身高膳食纤维和升糖指数低的状态（整全食物、非精制加工食物）+尽量避免高温煮熟食材以保存维生素C 和酶（尽量食生），就得出一个“健康素食方程式”，亦即我们一直对健康渴求的出路。

近年做公开活动期间，难得遇上完全理解“健康素食方程式”真谛的营养师陈秋惠。现在，秋惠是我信任的营养师之一，她不但身体力行，亲身体验全蔬食饮食法，而且运用她出色的专业技巧，有效地教导并跟进求诊的病人个案。在她的指导和陪伴下，病人就能更轻易地学会在生活中如何灵活实践健康的全蔬食饮食法，令疾病治疗事半功倍。本书内容结合了秋惠多年来的亲身及临床经验，相信将是大家在寻找健康出路途中一本极具参考价值的书。

卢丽爱医生
香港执业外科专科顾问医生
《我医我素：健康素食小百科》作者
亚太素食联盟医学顾问

这是一本帮助家长指导子女饮食、生活的参考书

真的非常高兴，我大女儿秋惠写的第一本书终于出版了！我很想分享一下为什么她会写这本书，通过介绍她童年和真实成长历程的饮食和生活方式，对于现今儿童及青少年的成长有着重要的影响和指导作用。

身为中国人，她拥有对中国五色饮食养生文化和四季生活文化的认识，同时她也是毕业于美国加利福尼亚大学伯克利分校的营养师，所谓“洋为中用”，书中既有传统中国人的饮食文化，也有从美国西方世界获得的科学健康常识数据，实在值得参考学习。秋惠自在娘胎便受母亲身体力行的影响，而成为今天的长期素食者，自幼茹素对学业不但没有影响，她的主动、专心、善良令她成绩优异且名列前茅，这些都是亲身实践的人生经验，相信都值得家长们参考以教导子女的饮食及生活方式。

希望大家在享受阅读及烹煮各款素食营养餐膳的过程中有所收获，祝你和家人都能体验“以健康的体质活出智趣人生”！

廖燕锦中医师（陈秋惠母亲）

自序

这是一本孕育数年才诞生的书，书里综合我的成长历程、人生经验，与大家分享营养理论和心得。我的理想是每个看完这本书的读者都可以学到如何从饮食着手，做到每天由内而外地散发正能量，培养以内在的健康带来外在的美丽和自信。写这本关于健康营养饮食的书，无论是饮食方法或习惯都可以在日常生活中实践，由浅入深，而不是只提出一些专业且深奥的名词或理论，所以每篇我都分享了营养食谱，让大家在看的同时有所食。

在美国加利福尼亚大学伯克利分校读营养学学士课程时，上营养科学课时会在厨房里研究食物，即如何将不同的材料烹煮成一道营养健康又美味的菜式。而读硕士课程时，营养及综合健康学课程中亦有很多Cooking Lab，即烹饪实验课，让我们实践烹煮不同种类的菜式，研究怎样的膳食适合不同人、不同体质，甚至不同病患者，目的是带给他们更多营养价值。

这次选用的食谱都是过去我在国外读书、工作时期很喜欢做的快手料理，我将部分微微调整后，就变成易做又健康美味的食谱。

希望读者可以掌握如何在一日三餐饮食中摄取到最优质的营养素，并使得日常健康、精神状况、工作效率乃至生育能力都能得以改善。

在此感谢每位在成长路上陪伴及鼓励我的家人、老师、朋友及同事，是你们给我动力，令我拥有健康的生活、健康的饮食模式、健康的习惯。我写下这本书，希望能够回馈大家，祝愿大家每天健康快乐、远离病痛，祝愿每个人都越活越青春、越吃越美丽！

秋惠

秋惠于 2018 亚洲小姐竞选（香港区）担任健康饮食顾问。

介绍健康食物、饮食配搭和分量、食物是否适合个人体质、进食时间等，都是秋惠日常工作的指导内容。

秋惠经常会到各企业和机构主持健康营养讲座及工作坊。

热爱探索植物性为主的饮食对个人、动物、环境和下一代的好处。

目录

Chapter 1

7 ~ 14 岁　学习增智慧

Chapter 2

14 ~ 21 岁　无痘美肌秘诀

Chapter 3

21 ~ 28 岁　自然修身法

计量单位对照表

1杯=250毫升

1茶匙固体材料=5克

1茶匙液体材料=5毫升

1汤匙固体材料=15克

1汤匙液体材料=15毫升

Chapter 1

7 ~ 14岁
学习增智慧

胎里素？
不会营养不良吗？

很多人认为“吃素＝减肥”，引申出“想减肥的人才会吃素”的错误想法；更有不少人误解，一定要有肉食才代表营养均衡。作为一个曾经是胎里素宝宝的营养师，我可以在此向各位说：植物性饮食不但适合任何人，戒除肉食也能让生活过得好，甚至更好！

在我还未接触营养学之前，我所有对于健康饮食的概念都来自于家人，爸爸妈妈总是以身教学来让我跟妹妹认识何谓健康饮食。还记得母亲跟我说过，她本不是一个素食者，而是得知怀孕之后，为了令肚子里的我更健康、吸收到更好的营养，才开始刻意吃素。

于是我的素食之路因为母亲的这个正确选择而开始了。

在我就读的中小学，校内午餐都会提供素食。一直到了初三，我才外出就餐，因此很幸福地，我从婴儿时代一直到中学阶段都维持着植物性饮食，这对我的求学生涯有很大的帮助。大家一定没有想到，吃素和专注力之间有着莫大的关系。记得小时候，我的专注力很不错，复习功课的时候即使坐一整天也不会觉得疲惫（虽然我也是临时抱佛脚的学生之一，哈哈）。

当时虽然没有营养学的概念，不知道是否因为植物性饮食而导致头脑更好、注意力更集中，但吃素确实让我求学时期取得很好的成绩，完成一个个目标——甚至凭着优异的成绩，升读美国加利福尼亚大学伯克利分校。

我在大学时期也曾经有一段时间吃荤，吃过烧排骨、鸡翅、叉烧等肉类，但后来渐渐发现，吃肉令我的情绪容易大起大落，不开心、失落甚至哭泣的频率也比吃素时变多。很多人会问，为什么增加素食的比例能令人的情绪更平和？试想，当动物知道自己即将被杀掉，自然会释放一些惊慌、绝望、无助等负面情绪，我们进食它们的肉时，又怎会不吸收到它们释放的“毒素”？大多数人习惯以肉食为主、无肉不欢，却不知道这样的饮食习惯会影响情绪及健康状况。

很多人会产生疑惑：不是要有肉有菜营养才均衡吗？宝宝也吃素，不怕营养不良吗？

这是对植物性饮食一个很大的误解。其实在不同年龄阶段的人士，只要正确规划均衡的植物性饮食，不论是孕妇、成年人、幼儿、运动员还是老年人，都适合吃素，这有助于预防癌症、心脏病、肥胖，也可以治疗糖尿病，维持身体健康，而“胎里素”的概念在英、美、澳、加等地的营养学会素食指引中皆有提及。植物性饮食不但不会令人营养不良，反而有益。

作为一个胎里素营养师，我就是一个吃素而达到均衡饮食的活生生的例子；因此我在私人执业之余也会热情地与客户分享植物性饮食的好处，推广均衡素食的重要性。习惯了肉食的朋友若想尝试转为素食者，我建议可以循序渐进，从一天一两餐植物性饮食开始。

记住：心情好，外表才会靓！

秋惠与注册营养师们分享以植物性为主的饮食，其也被作为长期病患的饮食治疗方案。

想聪明伶俐？
早餐是决胜关键！

都市人生活繁忙，一起床便赶着上学、上班，对于早上第一餐，要不马虎了事，要不直接放弃不吃。其实早餐吃与不吃，足以影响你一整天的状态，而求学阶段更有必要养成每天吃营养早餐的习惯！

每天吃早餐的人应该都深有体会，若有一天没吃早餐，不但会因为肚子饿而手脚发软、提不起劲，更会影响当日的注意力，亦容易生气或感到疲倦。这只是一天没有吃早餐所带来的负面影响，如果长期不吃早餐，更会令身体的新陈代谢逐渐变慢，从而影响工作及学习时候的专注力。

吃早餐有助于学业？

曾经读过一系列1950～2013年关于青少年和儿童饮食习惯的科学研究分析，其中有36份针对有吃早餐习惯的儿童和青少年在课堂内行为以及其学习能力和成绩的观察性研究，研究对象包括营养不良及有健康问题的学生。研究结果有足够的证据证实，如果学生有吃早餐的习惯，于课堂中做练习或进行测验时，学生的专注力及成绩都会有较好的表现，尤其对营养不良的学生而言，如果能够坚持进食优质的早餐，他们的数学成绩会有显著的进步，即使是平时没有吃早餐习惯的学生，只要增加吃早餐的次数，亦对学业成绩有正面的帮助！

诚然，保持吃早餐的习惯是明智之举，但吃早餐也需要分“Quantity”和“Quality”，即食物的分量、数量，以及食物的不同搭配和质量，包括它的营养价值、营养密度等。如果吃早餐时能搭配不同种类的营养素，例如蛋白质、碳水化合物、健康脂肪，而当中含有足够的热量，就能提升我们的学习表现。

从日常观察所得，香港许多学生的早餐只是一个面包（甚至只是一片方包），或吃一碗混酱肠粉、饮一盒纸包饮品，有时连一片面包都来不及吃就匆忙出门上学。这样马虎的早餐缺乏蛋白质、优质碳水化合物和健康脂肪，不但无法为身体提供足够的热量，也无法令我们有饱腹感。再者，在缺乏蛋白质的情况下，血糖的升幅变大，例如只吃一片白面包，血糖升得就会比较高、快。如果我们经常只吃一些单糖、容易消化的简单碳水化合物为主的食物，消化后会很快地吸收糖分，体内的血糖就像玩过山车一样，升得快、升得高，又跌得急且血糖低，甚至比平时需要控制的血糖水平更低，于是，上课时就更容易打瞌睡了。

早餐应该吃什么？

那么，求学时期的小朋友早餐应该吃些什么？让我跟大家分享一些小贴士。选择一些全谷物的碳水化合物，例如：番薯、麦片、全麦面包，或者是全谷物的早餐。这些食物含有较丰富的维生素和矿物质。而蛋白质的选择，可以是低糖豆浆，或者一些低脂肪的蛋白质食物（茄汁豆是我小时候会吃的食物，现在可以买到低糖版）。至于健康脂肪，其实牛油果也是脂肪类，无添加糖的天然花生酱同时含有脂肪和蛋白质。受到全民喜爱的豆花，是个不错的早餐选择，它除了含有丰富的蛋白质和植物性油脂，还有ω-3脂肪酸，对脑部发育也有帮助。

再补充一些理论知识。

由于睡眠时身体处于没有吸收能量又要运行的状态，例如呼吸和心跳，所以休息时间身体仍然需要工作，因此一早起来时，身体需要用早餐来提升或重启新陈代谢，又要通过吃早餐来补充一天所需的热量和营养。

吃早餐对儿童来说尤其重要。因为一些正电子扫描显示，儿童的脑部比成年人需要更多糖分。4～10岁的儿童，脑部的葡萄糖代谢率是成年人的2倍，而3～11岁儿童的血流量是成年人的1.8倍，脑部的氧气利用率是1.3倍，所以晚上睡眠时，因为儿童需要的睡眠时间比成年人更长，即有更长的禁食期，所以一晚过后就会消耗身体中的糖分储存量。

有吃早餐习惯的孩子，他们的营养摄入会更好，也会减少儿童肥胖的风险。早餐对儿童的行为、认知、学校表现、学习的积极性都有影响，特别是对记忆和专注领域影响更大。所以，早餐对不同组别的儿童都有好处，包括营养不良的儿童和青少年、不同的社会和经济背景的孩子，早餐都有即时和长期的影响。

早餐的健康选择

全麦面包、4汤匙低糖茄汁豆或高钙低糖豆浆，再搭配新鲜的水果，是一种理想的组合。一碗全谷物的燕麦，加坚果、种子类和新鲜水果，配合植物奶一起食用，或者全麦面包配天然花生酱加猕猴桃片或苹果片一起食用。

特别要注意，早餐不宜食用精制、含糖分或者油腻食物。例如加了黄油的松饼、高油高糖的焗制面包类，同时避免吃甜的玉米片、糕点，又或者单一的果汁，也不建议吃薯片或汽水等低营养食物。

天然花生酱配全麦面包和猕猴桃，是秋惠的简易快捷早餐。

谷物早餐脆脆

口感爽脆的自制早餐脆脆包含多种矿物质，含丰富膳食纤维、蛋白质、碳水化合物、健康脂肪（如 ω-3 脂肪酸），可以用来搭配豆浆、杏仁奶，同时可作为下午茶或茶点，与朋友及家人共同享用！

无麸质饮食

对麸质食物过敏的人，应留意购买的燕麦片是否标明为无麸质燕麦，其实燕麦本身不含麸质，但很多工厂在处理燕麦时，会同时处理小麦、黑麦、大麦等其他含麸质食材，所以会有交叉污染的可能。

营养标签*

每食用量：	1 份（55 克）
热量	205 千卡
蛋白质	7.8 克
脂肪	12 克
- 饱和脂肪	2 克
碳水化合物	20 克
- 添加糖	7.7 克
膳食纤维	4.4 克
钠	62 毫克

*1 千卡热量≈ 4 千焦能量

饱和脂肪属于脂肪，添加糖属于碳水化合物，两者不宜摄取过量，故单列以示提醒。

食材（10人份）

燕麦片 80 克

生杏仁 50 克

生核桃 40 克

生榛子 60 克

南瓜子 60 克

提子干 30 克

无糖椰丝 1/2 杯（可不加）

黑芝麻 20 克

奇亚籽 10 克

调味料

橄榄油 1 汤匙

柠檬皮屑 1 汤匙

香草精 1/2 茶匙

姜蓉 1/4 茶匙

肉桂粉 1/4 茶匙（适用于冬季）

海盐 1/4 茶匙

枫糖浆（或龙舌兰蜜）60 毫升

步骤

1. 先把杏仁、核桃、榛子、南瓜子切碎；烤箱预热至 170℃。

2. 备一个大碗，将燕麦片、步骤 1 的食材、提子干、椰丝、芝麻及奇亚籽混合。

3. 将枫糖浆、橄榄油、香草精、姜蓉、肉桂粉、海盐及柠檬皮屑混合后加入大碗内。

小贴士

先将干、湿食材分别混合，再混合起来可令材料比较均匀。

4. 将材料倒进喷上食用油的烤盘，将之压平。

5. 烤大约 10 分钟至微黄或浅咖啡色，取出，置于室温放凉。

小贴士

烤前压平混合物可以令材料均匀受热，以防有部分未熟或过熟的情况。

6. 以木铲将混合物弄散开，翻转材料压平，再烤约 8 分钟至呈金黄色，取出，放置冷却。

7. 放进一个密封的玻璃器皿中可保存一周。

要名列前茅，先要成为运动爱好者

很多家长认为小朋友要成绩好，就要让他们大部分时间都专注于上课学习和课后复习，要减少他们运动及玩乐的时间。我们可能没有想过，其实足够的运动有助于小朋友在学业上取得佳绩！

中小学时，我是一个喜欢运动的学生，每逢课间休息必定要到操场跳绳，伸展一下，舞蹈、球类运动及群体运动都是我喜爱的。一直到了中六（即大学预科第一年），我还有跳舞的习惯，还记得当年我们为了参加跳舞比赛，连放假都会回学校彩排跳舞。运动量越大，对我的学业成绩反而越有正面的影响。自中一（即初中一年级）开始，我的学习成绩几乎每年都排在全年级的前三名。

运动对学生的正面影响

有研究指出，运动对学习成绩确实有正面影响，较活跃的学生在学校的成绩比不活跃的学生高，结果尤其反映在数学及语言科目中，较活跃的学生成绩为A的比例相较不活跃的学生高出20%之多！因为考试测验而过分用脑，勉强将专注力集中，会令身体产生压力激素——皮质醇，肾上腺素因紧张而升高，可能会加速脑中神经元的坏死，导致脑部萎缩，反而影响学习表现。运动或体能活动可以通过生理认知行为和心理机制，为儿童及青少年的学业带来即时及长远的益处。参加体育运动也可以令儿童及青少年建立良好的自我形象，而学生在体能方面的表现会有助于提升自尊心及社交技巧。自尊感较强的学生通过运动带来的自信，有助于激发学习动机，这是良好学业成绩的决定性因素之一。研究指出，相较不参与运动的学生，热爱运动的学生有较高的抗压能力及社会适应能力。

我建议小朋友每天将时间平均分布在学习、运动与游戏三者之间，保证起码有60分钟的运动时间。学习主要运用视觉、听觉、脑部思考及记忆的区域，而做运动时使用的脑部区域并不一样，因此运动时可以令学习所用到的区域得到休息，能够令脑部于不同区域得到均衡的刺激，对脑部整体发展有莫大帮助！所以不只是睡眠才能让人的脑部得到休息，适当的运动可令我们恢复原有的学习效率和专注力，同时还可以加快身体的血液循环，提升心肺功能，而运动带来的内啡肽对调和压力及负面情绪有很大的帮助，还能改善睡眠质量。

要全面提升脑部发育，睡眠、均衡饮食及适当运动三者缺一不可。学习一定时间后，休息5~15分钟，适量进食坚果、干果类或新鲜水果等健康小食，有利于提高学习效率。世界卫生组织建议，5~17岁的儿童和少年每天要做60分钟中等强度的运动。现今仍有大量学生未能达标，若家长希望小朋友拥有好的成绩及健康的身体，建议先让子女做运动轻松一下再学习，一定会事半功倍！

红薯派

牧羊人派是外国常见的食物，正宗的做法以土豆做馅，这个改良版将土豆换成带皮红薯，营养价值较高、膳食纤维较多，蛋白质也较丰富，适合小朋友补充身体所需！

营养标签

每食用量：1 份（315 克）	
热量	320 千卡
蛋白质	13 克
脂肪	8.7 克
- 饱和脂肪	1.5 克
碳水化合物	50 克
- 添加糖	8.2 克
膳食纤维	13 克
钠	520 毫克

食材（8 人份）

红薯 1 千克

胡萝卜 140 克

番茄罐头 400 克

绿 / 红色扁豆罐头 400 克

无糖豆浆 200 毫升

纯素车达芝士碎 85 克

植物黄油 25 克

橄榄油 1 汤匙

清水 150 毫升

海盐 少量

调味料

新鲜百里香 2 汤匙（可不加）

蔬菜浓缩汤粒 2 粒

步骤

1. 红薯不用去皮，切丁；胡萝卜切丁。

2. 将红薯蒸熟，连同植物黄油一同将红薯压成泥，可加入少量海盐调味。

3. 倒油，烧热，加入胡萝卜丁及少量已切碎的百里香。

4. 加入无糖豆浆及清水，同时倒入番茄及蔬菜浓缩汤粒，水沸后转中小火煮 10 分钟。

5. 将扁豆连同扁豆水一同加入，盖上盖子煮 10 分钟。

6. 准备一只烤盅，加入扁豆，并将红薯泥铺面，撒上芝士碎及剩余的百里香，形成派状。

7. 烤箱预热至 190℃，将派放入，烤 20 分钟直至表面呈金黄色且变脆，即完成。

小贴士

可夹起一小块胡萝卜品尝，胡萝卜半熟即可。

如何能够吃得更有营养？

可以将菜花洗净蒸熟，搭配红薯派一同食用，膳食纤维更多，营养更丰富！

下午茶的健康选择

你还记得小时候每当下课的铃声响起，冲到小卖部买的是什么小吃吗?

记得当年我很爱买海苔、旺旺仙贝还有蜜瓜豆奶，现在长大了当然知道那些都是加工食品。那么我们应该怎样挑选下午茶小食，才能吃得美味又健康呢?

大人、小朋友挑选下午茶小食应包含三大要点：1. 含丰富膳食纤维；2. 含丰富蛋白质；3. 含健康脂肪或低升糖指数的碳水化合物。

当然，不是每个人都需要吃下午茶或零食，但如果每餐的间隔多于4小时，我会建议吃一个健康的下午茶，从而保持血糖水平，以维持良好的精神状态，从而有助于改善学习表现!

番茄 / 苹果或猕猴桃切片 / 素肉松 / 芝麻 / 紫菜	+	天然花生酱 / 生机坚果酱 *	+	全麦面包 / 多谷物面包
新鲜水果切块	+	鹰嘴豆酱 / 自制杏仁酱		
一小罐低钠番茄汁	+	40 克南瓜子		
一两种新鲜水果	+	黄瓜	+	杏仁奶 / 无糖豆浆打成蔬果露
即冲燕麦	+	坚果 / 干果		

* 生机坚果酱：将生坚果浸泡发芽后，不经加热制成的坚果酱，激活了食物本身的营养。

一盒藜麦沙拉搭配彩虹颜色的蔬菜

除了以上的选择，还可选择低温脱水的蔬果片，配以高钙无糖豆浆，或在家自制日式饭团，在糙米或五谷米中加入红豆甚至是毛豆，选用未添加油和盐的紫菜及一些简单馅料如素肉松，令蛋白质及营养更丰富。

派对美食：素鸡腿

想起小时候学校不时会举行大食会，我会在家与家人及保姆姐姐一同炮制素鸡腿回去分享，每一次都被同学吃个精光，美味且营养价值高的素鸡腿，是最受欢迎的派对食物。

营养标签

每食用量：	1 根（50 克）
热量	80 千卡
蛋白质	6.5 克
脂肪	4.3 克
– 饱和脂肪	0 克
碳水化合物	6.1 克
– 添加糖	2.2 克
膳食纤维	0.6 克
钠	260 毫克

食材（可制作 8 根）

鲜腐竹 4 条（约 70 厘米长）

干豆腐皮 1 大张

胡萝卜 150 克

食用油 1/2 茶匙

腌料

生抽 1 汤匙

老抽 1 汤匙

黄糖（或黑糖）2 茶匙

步骤

1. 将鲜腐竹放腌料中，预先腌 10 分钟，不时翻转腐竹，令颜色更均匀。

2. 将原块干豆腐皮摊开切分成 8 等份。

3. 鲜腐竹切半，胡萝卜切成 8 根 20 厘米的长条，一手拿着胡萝卜条，以半条腐竹围着胡萝卜条慢慢以打圈形式卷好。

4. 最后将豆腐皮包在最外层。

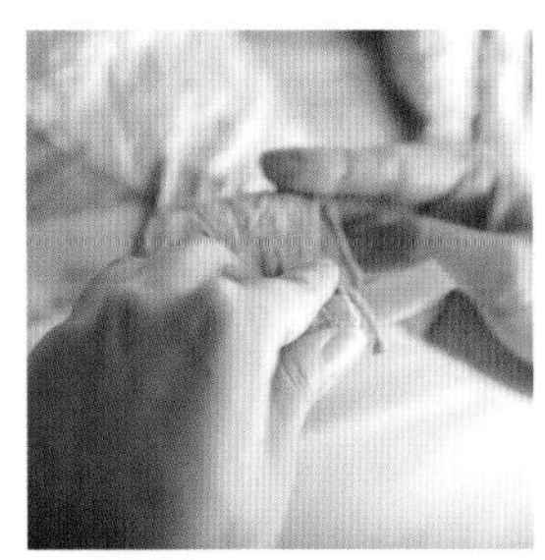

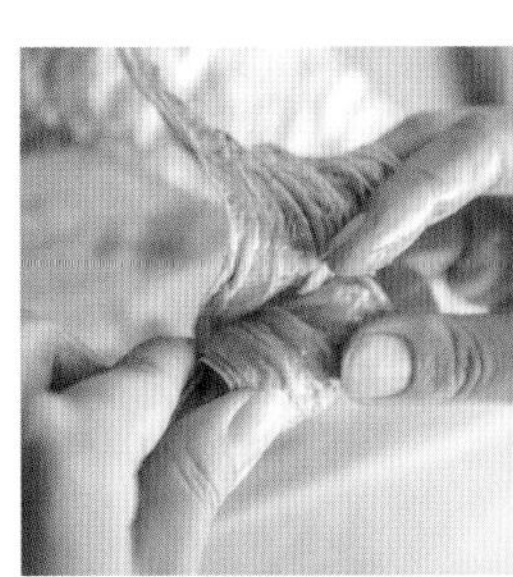

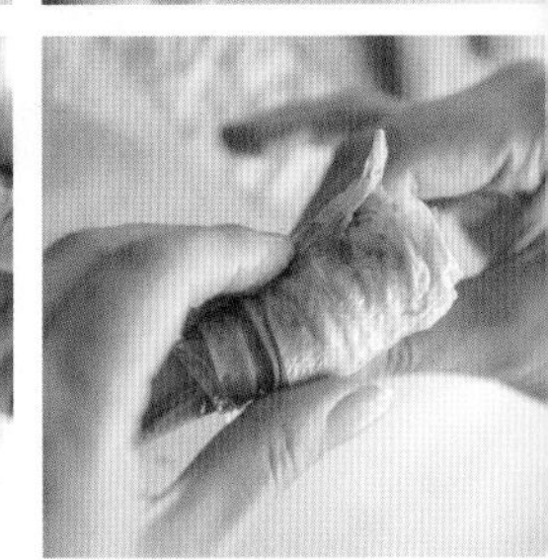

小贴士

溶解少量玉米淀粉用于黏合。

煮法一：

1. 稍微吸干素鸡腿外层的水分，于不粘锅中倒少许油。
2. 将素鸡腿煎至金黄色即成。

小贴士

若用向锅中喷油的形式取代倒油，脂肪含量更低。

煮法二：

1. 于烤盘铺上锡纸，表面喷一层油，将素鸡腿放上。
2. 烤箱预热至 180℃，烤 10~12 分钟至素鸡腿呈金黄色、表面开始变干即成。

小贴士

将烤制的时间分成两半，当其中一面的表面已开始呈金黄色，即可取出，翻转素鸡腿，令两面皆呈金黄色。

豆腐皮的营养价值

豆腐皮是黄豆制品，含有丰富的蛋白质！

跟奶奶学做菜

童年时我和奶奶相处的时间较多，她经常做菜给我们吃，其中有一道全家人最喜欢吃的菜式，材料搭配多元化且色彩缤纷，每次大家都吃得津津有味。除了味道，它的口感亦是老少皆宜，且容易咀嚼和消化，故在此我想和大家分享。

假如你经常在家做饭，最好每一道菜都能由3～5种不同颜色的材料组成，这样可确保每道菜都多元化、有抗氧化营养素、维生素、矿物质等，供我们摄取吸收。颜色鲜艳的蔬果有不同的植物营养素（Phytonutrients），或者叫植物素，这些植物素具有抗氧化、抗衰老、抗癌症、抗发炎的功能，所以饭菜做得越缤纷，营养就越丰富。

一起庆祝奶奶（右一）的生日。

炒粒粒

家人每次提起奶奶做的菜，第一时间都会想到“炒粒粒”这一道充满彩虹颜色的菜式，这道菜是我们的美好回忆。

营养标签

每食用量： 1份（115克）	
热量	115千卡
蛋白质	6.8克
脂肪	2.9克
－饱和脂肪	0.3克
碳水化合物	17克
－添加糖	2.9克
膳食纤维	3.6克
钠	220毫克

豆干

豆干有五香豆干和原味豆干之分，五香豆干口感比较硬实，而原味豆干颜色浅且口感松软。可以视身体状态或自己的喜好进行选择，如果想减少钠摄入量且便于咀嚼可以选原味豆干。另外，这道菜很适合拌饭（如糙米饭、红米饭、十谷饭），适宜于第二天带到公司当便当。

食材（6人份）

豆角140克

豆干180克

胡萝卜80克

萝卜干30克

黄、红色灯笼椒各1/2个

冬菇35克

豆薯220克

食用油1茶匙

调味料

香油1茶匙

老抽1茶匙

椰子花糖（或黄糖）1茶匙

海盐1/4茶匙

步骤

1. 冬菇预先泡软后，加入一两滴食用油及少量椰子花糖，以大火隔水蒸 15 分钟至软，放凉后去蒂切丁。

2. 豆薯去皮，将豆薯、豆角、豆干、胡萝卜、萝卜干、红色及黄色灯笼椒切成大小相当的丁。胡萝卜以大火隔水蒸约 8 分钟至软。

3. 当所有材料准备好后，开锅将油加热，首先加入比较硬的材料以中火快炒，豆干在最后下锅炒香。

4. 加约 2 茶匙的水进锅里，然后盖上锅盖焖 3 分钟。加入少量的椰子花糖以及老抽上色调味。

小贴士

煮豆角时，可以加点海盐粒，令豆角更加鲜甜。萝卜干、冬菇已经有调味，所以只需加少许老抽，低盐煮食更健康。

5. 最后可以加香油提升色泽和香味，并加海盐调味即成。

小贴士

中途可以品尝，如果食材软硬度适中便可以了。

回忆里的味道——外婆的养生家常食谱

提起外公外婆，脑海中第一个闪过的总是外婆在厨房做菜的画面。

外婆是一个烹饪高手，再复杂的菜肴都难不倒她那双巧手。上一代的家庭比这一代人更愿意生育，外婆生了七个孩子，一双手照顾这么多人的伙食，训练了好厨艺。每逢过节，外婆便会大显身手，饭桌就会放满她做的佳肴，一家团聚又能吃到她做的菜，大家都很欢欣。我小时候最喜欢外婆在农历新年时做的南瓜黄金糕和手工制的咸汤圆，每次都忍不住吃上很多，也因而令我对佳节的到来充满期待。

外公是中医师，使外婆在烹饪方面有了养生的理念。外婆的七个孩子中，我的母亲排在中间，小时候妈妈带我回娘家，我都会吃到外婆亲手烹调的养生汤水，也在外公的中医馆里学习了不少草本中药的名称。外婆经常提醒，炎夏的消暑汤水必用的材料中，苹果、雪梨、冬瓜、佛手瓜等都是夏天的上佳瓜果，搭配南杏、淮山药、百合等药用食材煲汤，可以清热降火，同时润肺生津。

每次喝外婆煲的汤，她都会舀上大半碗的汤料，让我们伴着汤水一同食用。其实“喝汤要吃汤料”是营养学中一个重要的健康原则。很多人以为只喝汤水便能摄取足够的营养，但研究指出，汤中有接近七成的营养仍保留于汤料内，因此喝汤同时“吃汤”，才能摄取最多的营养。

外婆（左）和奶奶（右）在父母亲婚礼合影。

健美枸杞南瓜糕

色泽金黄、清甜软糯的南瓜糕是外婆在过节时必做的传统糕点。营养价值丰富的南瓜有滋补美颜的功效，改良版的健美枸杞南瓜糕无盐、少糖，以栗子代替肉碎，更能带出南瓜天然的鲜香味道，适合正在进行体重管理、注重保养的你。

食材（可制作 10 块）

南瓜 500 克
冬菇 35 克
腰果 50 克
熟栗子 100 克
粘米粉 300 克
玉米淀粉 45 克
水 2 杯
食用油 1/2 茶匙
细砂糖 1 茶匙

装饰

枸杞子（或红枣干）适量

营养标签

每食用量：	1 块（100 克）
热量	200 千卡
蛋白质	3.9 克
脂肪	3.2 克
– 饱和脂肪	0.6 克
碳水化合物	40 克
– 添加糖	1.6 克
膳食纤维	1.6 克
钠	2.3 毫克

步骤

1. 预先把腰果及冬菇浸软；冬菇去蒂、切丁，加入油及细砂糖，隔水蒸约 15 分钟。
2. 南瓜去皮，切成块后隔水蒸熟，用叉压成南瓜泥。
3. 预备一个大碗，将粘米粉、玉米淀粉倒入，加水混合后倒入南瓜泥，搅拌均匀。
4. 于南瓜粉浆中加入冬菇丁、腰果及熟栗子，拌匀。
5. 将粉浆倒入蒸盘，隔水蒸约 30 分钟。
6. 于蒸好的糕面上撒枸杞子或红枣干，点缀糕身，完成。

更有滋味的吃法

由于栗子有天然的甜味，因此这个食谱不需要太多糖，嗜甜的朋友可将蒸好的健美枸杞南瓜糕切成小块，进食时蘸少许龙舌兰蜜或枫糖浆，令本身带有南瓜清香的糕点更加鲜甜可口。

小贴士

想知道南瓜糕是否已蒸熟，可在糕身插一根筷子，抽出没有黏附物代表已熟。

露营吃什么好?

人生第一次写食谱，是在军旅夏令营考烹饪徽章需创作自己的食谱时，我还和家人商量，后来就写了一个素鸡块炒西芹的食谱。这段经历令我们懂得善用现有的食材，或者用一些简易的食材或方式煮出特别的风味。当年我在军旅夏令营时，还记得我们在煮食前需要先搭建好所需工具，例如桌子、烧烤架等。那次最简单又方便的食谱就是烤面包，面粉加水揉一揉，将面粉团像编辫子般卷在竹子上，然后拿去火堆上烤，就有烤面包吃了。去露营的朋友们，最开心的莫过于在户外烹饪，他们都会挑选一些容易处理或者加工过的食物，例如罐头或腌制食物等，避免带蔬果，由于一来重，二来嫌烦，因为吃之前要洗干净才可以煮。

综合过往经验，以下是我建议大家带去露营而且制作容易的食材。

蔬菜类：红薯、胡萝卜、玉米、西蓝花、瓜类（如节瓜、西葫芦），这些食材在常温保存的时间较长，且放在袋中不易受压、受损。

干货类：荞麦面、意粉、凉拌粉皮，素食超市里有脱水的紫菜、裙带菜、腐竹、干木耳，煮时加水浸泡就会变回原来的软硬程度。

零食类：果仁、干果、脱水蔬果片等。

曾经的军旅夏令营经历，令我有更多机会在烹饪的基础上进行创新，现在很多时候都是在家中看有什么食材，再去想该怎样配搭，创作出属于我的“一锅熟”（一人食）料理。

胡萝卜小米煮豆豆

这道菜可以用作早餐或午餐。小米经常用来煮粥，或与五谷米混合一起煲饭，其实小米可以作为主食，它的营养真的很丰富。

营养标签

每食用量：1份（193克）	
热量	329千卡
蛋白质	11克
脂肪	10克
－饱和脂肪	1.4克
碳水化合物	50克
－添加糖	7.5克
膳食纤维	9.5克
钠	350毫克

小贴士

这道菜有丰富的膳食纤维和蛋白质，对降胆固醇和减少血糖升幅都有帮助，对皮肤和眼睛的健康有好处。另外，小米含B族维生素和铁质、钙质、镁质等元素。镁质可以帮助增加快乐激素和血清素，改善神经紧张，稳定血压，对心血管有好处。小米没有麸质，适合有乳糜泻或对麸质过敏的人士。

食材（2人份）

熟小米175克

胡萝卜150克

熟红腰豆（或鹰嘴豆）55克

食用油1茶匙

调味料

海盐1/4茶匙

步骤

1. 胡萝卜切薄片。
2. 小米及水以1：2的比例放进锅中加热，不时搅拌。
3. 煲约15分钟或小米吸收了大部分的水后，加油及胡萝卜片。
4. 最后倒入豆类及海盐调味，即成。

小贴士

看到小米稍微膨胀后可以试吃，当小米口感较软时即成。

明目眼部运动

瑜伽导师：邓丽薇

中文翻译：陈惠琪

眼球和眼睑：从内部连接到视觉处理

从每天起床的那一刻起，我们不断地使用眼睛，不仅用于阅读和观看，而且在集中注意力、批判性思维，甚至步行（平衡）时也会不断使用眼睛。视觉是如此强烈的感觉，我们可能经常让它在其他感官上占主导地位。

在这个现代社会中，我们经常会用到不同的科技产品，例如手机、电视、电脑/平板电脑、LED电子屏/广告牌，我们在生活中无法摆脱这些高强度的灯光。已知许多人患有电脑视觉综合征（CVS），患者会出现视力模糊、眼睛干涩、重影、畏光或脖颈酸痛、头痛、背痛等症状。

我们可通过练习瑜伽，放松和恢复我们的视力。

热身：

面向黑色背景并快速眨眼10~20次，休息10秒（深呼吸3次）并重复3~5次。

说明：这个步骤有助于促使眼球分泌更多液体，有利于缓解眼睛干涩。

放松5~10分钟：

1. 找到舒适的坐姿。
2. 感觉从头至脚，整个身体固定而轻松。
3. 意识到眉心、眼睑、下颚和嘴唇的放松。
4. 放松心灵，保持静止。

说明：这个步骤可以使眼睛得到充分的休息；我们的心理与眼球运动相互关联，当有人在睡觉时做梦，我们会发现他们的眼球在快速移动。即使我们在思考，也会无意识地将眼睛向上或向侧面转动。

强化（P. 44图 1 ~图 5 ）：

1. 向右和向左看（每侧保持一两秒，如图 1、图 2）。
   - 不移动头部，在眼部肌肉中感受到柔软的伸展。
   - 每组重复 10 次，持续 3 组。
2. 休息（闭眼），进行 3 次深呼吸（如图 3）。
3. 跟着以上步骤，再练习向上和向下看，顺时针和逆时针看（如图 4、图 5）。

说明：强化运动对于无精打采或下垂的眼睛有益，可有助于抬起眼部周围的皮肤。

1
2
3
4
5

蜂鸣呼吸：

1. 稳稳舒适地躺在地上。
2. 嘴唇和眼睑轻轻闭上，用食指塞住耳朵（密封）。
3. 通过鼻孔吸气。
4. 慢慢呼出一口气，并发出柔和的蜂鸣声（如嗡嗡作响的蜜蜂）。
5. 重复 5~10 次。

说明：这是一项很好的运动，使用呼吸振动来释放头部、眼睛、鼻子和大脑的紧张感。睡前做可缓解头痛。

Chapter 2

14 ~ 21 岁
无痘美肌秘诀

家中没有的甜品

青春期时，学校有很多老师、同学和同学的家长都会问我妈妈，秋惠平时究竟吃些什么呢？为什么她和其他同学相比，脸上几乎没见过暗疮，皮肤这么好，究竟有什么饮食秘诀？

我以前也吃高糖烘焙甜点，但几个月才会吃一次，而其他甜品、糖水，在成长过程中都很少吃，又或者不会特别喜爱。

其实摄取高糖分的食物或饮品，会令我们身体增加氧化的现象和发炎因子，加速皮肤老化并长暗疮。另外，高糖分的饮食会令胰岛素上升较多，因此我们储存脂肪的水平也更高。脂肪除了储存在脂肪组织中，还会令皮下的油脂分泌较高，加上平时空气污染的影响，个人卫生如果做不到位，脸上便会长满暗疮痘痘，因而影响自信。

除了甜品之外，喝汽水、有甜味的饮品等，都有机会摄取到高糖分，如果想和痘痘说再见或者祛疤、淡斑，应该吃抗氧化的水果、蔬菜。可试试用水果互相搭配，自制健康甜品。

饭后甜品是增肥的凶手，如果在晚饭后且接近睡眠的时间，还吃高糖分的食物，那么摄取了无法消耗的过量血糖，身体就会将它全部储存，存在身体的脂肪组织中，而脂肪是用来储存能量、留给身体有需要时用的，所以保持一个星期最多吃一次甜品，是较为健康的饮食方式。

香蕉燕麦松饼

营养标签

每食用量：2块（110克）	
热量	198千卡
蛋白质	5.2克
脂肪	3.0克
－饱和脂肪	0.5克
碳水化合物	39克
－添加糖	14克
膳食纤维	4克
钠	212毫克

食材（可制作6块）

燕麦片80克
熟香蕉（有黑点）1根
新鲜蓝莓、猕猴桃、草莓适量
加钙无糖豆浆（或杏仁奶、燕麦奶）1/2杯
泡打粉1茶匙（可不加）
植物油1/4茶匙

调味料

龙舌兰蜜（或枫糖浆）2汤匙
香草精1茶匙
盐1/4茶匙
花生酱（或果酱）适量

步骤

1. 首先将燕麦片、加钙无糖豆浆、龙舌兰蜜、香蕉、香草精和盐同放进搅拌机搅匀，制成松饼浆。

2. 将松饼浆分成6等份，备用。

3. 烧热不粘锅，刷一层油，将一份饼浆倒进锅里，每份可做中小块松饼。

4. 中火煎约2分钟至饼边变金黄色，翻另一面煎2分钟，即成。

5. 盛盘后，可根据喜好放上莓果或花生酱。

可可粉

购买可可粉，可选择无糖黑可可粉，因为黑巧克力有丰富的黄酮类化合物，对皮肤有抗氧化作用，皮肤自然更美更紧致。这个松饼是高膳食纤维食品，它的水溶性纤维高，可以降低胆固醇及帮助排毒。

小贴士

1. 用植物油喷雾剂可以减少脂肪的摄取，若倒得油太多可以用厨房纸吸掉。
2. 喜欢可可口味的朋友，可另外将1茶匙的可可粉放进搅拌机内。如果不想松饼变颜色，可以用黑巧克力碎，在煎松饼的时候才撒上去。

青春不要青春痘

青春期时，我们的脸上会开始长青春痘，有些人更可能会长满全脸而且一直不消，这样很影响青少年的自信心。我们可以从个人护理、饮食和生活习惯几个方面着手，从而减少暗疮的出现。

第一，注重个人卫生。例如在家中或者外出的时候，尽量避免用任何东西碰到脸或用手摸完其他东西后再摸脸，这样比较不容易感染细菌，可提升皮肤的免疫力，从而减少皮肤发炎形成暗疮。

第二，保持肠胃畅通和健康。很多少女会有便秘的情况，原因是每餐吃的膳食纤维量不足，平时可能喜欢吃加工或高糖分食物、喝水不足等。如果消化系统不健康，额头会比较容易出现暗疮，而压力大、睡眠不足也会在额头形成暗疮。

健康皮肤从饮食着手

青少年和女士的目标是每天摄取25克的膳食纤维。半碗煮熟的蔬菜或者一个苹果，每一份有4克的膳食纤维，建议全天要吃至少5份蔬果，可以是2个新鲜的水果再加至少1½碗蔬菜。剩余部分的膳食纤维可从全谷物、坚果类等摄取。某些食物中的营养素，会对皮肤健康带来好处，例如红豆，它的抗氧化指数比其他豆类高，可以减少暗疮的生成；牛油果、杏仁有丰富的维生素E，胡萝卜中有胡萝卜素，都会在身体中转化成为维生素A，可提升皮肤的免疫力；全谷物食物除了膳食纤维丰富，也有B族维生素，是促进我们皮肤健康的重要角色，其中维生素B_2、维生素B_3、维生素B_6，都有助于我们的皮肤保持健康。

可生食的水果、蔬菜，其维生素C含量丰富，可帮助增加皮肤胶原蛋白的形成。如果我们脸上已长了暗疮，想快些愈合，或者有暗疮印、皮肤凹凸不平，就可以多吃蔬果以摄取丰富维生素C，增强胶原蛋白自生的效果。平时饮食要多元化，需要吸收各种维生素、矿物质，令皮肤（身体最大的器官）得以吸收不同的营养素。想抗氧化、抗衰老就要多吃水果蔬菜、全谷物、坚果类、种子类等，使皮肤受到保护，在修补的时候会更快变好。

每天要喝足够分量的水，水分不足会令皮肤干燥，也容易受到损害。如果长时间晒太阳，也会增加皮肤受损害的风险，或者令皮肤的免疫力下降。

对于一些已经满脸暗疮的人，应避免饮食奶制品（例如牛奶），因为在多项研究中都指出，牛奶会增加身体的发炎因子，使身体中长期存在炎症，而这些炎症会令我们的暗疮陆续出现。不喝牛奶，可以选择其他含丰富钙质的食物，例如加钙豆浆、老豆腐等。深绿色蔬菜能为人体提供的可吸收钙质更比牛奶多一倍。

根据研究指出，巧克力除了可帮助改善情绪、增加血清素、内啡肽，令我们开心之外，黑巧克力还有抗氧化的功效，可令皮肤的免疫力有所提升。不过在吃巧克力的时候，需要注意它是高热量、高脂肪和高糖的食物，所以只可偶尔适量食用，每次吃大约30克的分量就足够了。除以上研究之外，暂时也没有证据显示吃巧克力会导致长暗疮，所以吃时注意分量便可。

生理周期的影响

我们经常说抗氧化，原因是抗氧化营养素会减少身体的发炎情况，从而减少暗疮的生成。如果暗疮日久不散，而位置大部分长在下巴附近的话，就有可能是激素发生改变，因此在女性生理周期的一些日子中，更容易长暗疮。

假设女性的生理期是每28日一个周期，周期的第7日，我们的皮肤就会开始有所好转；在第7日至第14日的时候，皮肤是最佳的状态；到第14日至第21日的时候，胃口会变好，食欲会增加；第21日至第28日，因为激素有很大的转变，皮肤就会变差。激素的转变发生在第14日至第21日的时候，此时雌激素将会下降，而黄体酮会很快速地上升得很高；在第21日至第28日中，两种激素都是下降的，但黄体酮就会比雌激素多，所以那几天身体就会特别疲倦，情绪容易有变化、低落等，皮肤状态的转变，就是黄体酮作怪的结果。

15 岁的秋惠（左）和 12 岁的妹妹（右）。

从小培养良好的饮食及生活习惯，秋惠两姐妹在青春期时皮肤都很健康。

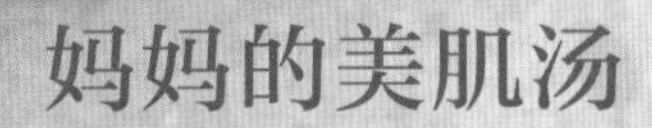

妈妈的美肌汤

这美肌汤煲出来大约有四碗，一家四口刚刚好。加上胡萝卜和玉米令这个汤很甜且清润，对皮肤非常好。

营养标签

每食用量：1份（465克）	
热量	195千卡
蛋白质	6.7克
脂肪	1.8克
－饱和脂肪	0.3克
碳水化合物	44克
－添加糖	10.8克
膳食纤维	10克
钠	424毫克

白菜干

白菜干可清热润肺，马蹄可清热、解毒和利尿，对我们的肺、呼吸系统、免疫力，尤其是皮肤特别有功效，加入胡萝卜后比较不寒凉。喝汤记得连汤渣一起吃，胡萝卜、玉米含有碳水化合物及大量膳食纤维，可以减少饭量。

食材（4人份）

白菜干38克

玉米500克

胡萝卜500克

中型马蹄70克

清水6碗

步骤

1. 预先浸泡白菜干。

2. 切去马蹄的顶部和底部，用刷子清洗干净。

3. 将所有食材放入注满水的汤锅中，盖上盖子。

4. 煮沸后加盖中火煲约45分钟即可饮用。

小贴士

胡萝卜和玉米切得越小，材料越容易出味。更可以预先炒香材料（锅中无须加油），再加入水中，汤会更香浓。

多运动，气血好，痘印自然走

青春痘几乎是每个少男少女的噩梦，暗疮的大量爆发不只影响外表，更会间接影响青少年的情绪。在最注重外表的年纪，青少年会因此感到自卑，觉得自己的人生是悲剧，这也是人之常情。然而我中学时代没有这种烦恼，甚至连闭合性粉刺都很少出现，当中的秘诀十分简单：户外运动。

我在读中学时就积极参与课外活动，学习嘻哈舞和爵士舞、篮球、跆拳道、花式跳绳，还参加军旅夏令营，训练项目包括远足、扎营、野外定向、领袖训练营等。你可能会问，究竟户外运动如何帮助改善皮肤状态?

户外运动对身心有益

首先，户外运动可以令我们的血液循环变得更好，气血运行畅通，面色当然变得红润，面青唇白、灰黄脸色亦不再出现。因此较为好动的朋友即使长痘痘，坚持运动令他们的新陈代谢加快，不但暗疮会较快消失，产生的疤痕也会较快修复好。

而户外运动最重要的一点就是阳光。在进行户外运动时，太阳晒到四肢的皮肤，我们的身体就会自动制造维生素D去增强抵抗力，释放出来的负离子更有杀菌的功效!

“同大自然玩游戏”的过程中，我们可以吸收空气中的负离子和氧气，令整个人的正能量得以提升。美国有研究比较居住于不同环境的人的心理状况，结果显示居住于大自然环境中的人比住在都市的人感觉更加年轻、有活力。因此到户外不论是做剧烈运动、体能训练，还是简单爬山甚至散步，欣赏沿途风景，都可令心境乐观！这就是大自然的奇妙之处，令每个人平日的忙碌状态暂停，让身心得到休息，心情变得开朗，免疫力也会因此得到提升，有助于对抗细菌及炎症。

如果我们终日感到焦虑、紧张，甚至抑郁，这些情绪问题其实也会在我们的皮肤状态上有所反映。保持心境开朗、经常微笑，注意均衡饮食，胃口好了，自然可以保持肌肤色泽红润，同时减少皱纹。

下次如果有朋友组队爬山，记得不要因为工作繁忙而推却，最好预先约定下一次爬山的日子，空出时间，让我们在户外放松心情，赶走疲劳！

玫瑰花水果茶

想面色红润？除了坚持运动，还可以考虑冲泡玫瑰花茶。能美白祛斑的玫瑰花搭配新鲜水果，具有抗氧化功效，同时营养丰富，是改善脸色、祛除痘疤之选！

食材（可制作 1 杯）

干玫瑰花 5~8 朵

猕猴桃、草莓、蓝莓适量

调味料

龙舌兰蜜适量

步骤

1．新鲜水果洗净，切丁。

2．以热开水将水果及玫瑰花冲泡 10~15 分钟，加入龙舌兰蜜调味即成。

小贴士

1. 可以用切丁无花果干或提子干代替新鲜水果。

2. 选择的玫瑰花以色淡为佳，冲泡后的花香会比颜色深的浓烈！

玫瑰花茶是女性恩物，但并非人人适宜饮用！

请注意，由于玫瑰花茶有促进血液循环的功效，孕妇及经期中的女性不宜饮用，以免影响健康。切记不要浪费水果丁，连同饮用可增加膳食纤维摄入量。

增强记忆力饮食

当年中学会考，在最后几个月复习的冲刺阶段，记忆力是我的好朋友。一般人会好奇究竟要有什么超能力，才可将不同科目中的重点牢记。那个时候我运用了音乐和录音机来增强记忆，首先将笔记重点全部边读边录起来，然后重复播放，行、住、坐、卧，甚至吃饭、刷牙、去厕所都听着自己的录音。休息时我会播一些古典音乐，例如钢琴曲、小提琴曲，或者女子十二乐坊的音乐等一些激昂又刺激、令我提起精神的音乐。用音乐和录音来记忆，可以激发我们的大脑运用不同部位记住重点，这么一来就不会看着书本犯困，而无法继续复习了。

关于有助于提升记忆力的饮食有很多研究，我们可吃一些能够改善脑部血液循环的食物，从而提升记忆力。其中有研究指出，地中海饮食法对退化中的脑部有改善作用，甚至可提升认知能力、记忆力和警觉性等。

那么我们实际上要吃些什么来提升记忆力呢？

第一类——不同颜色的蔬菜

除了平日会吃的绿色蔬菜，例如西蓝花、圆白菜等，我们可多吃深绿色菜叶，例如菠菜、菜心、羽衣甘蓝等，这些菜都有铁质和胆碱，能够帮助我们提升记忆力。

第二类——不同颜色的水果

红色、蓝色和紫色的水果，例如蓝莓、车厘子、黑莓、桑葚等，它们颜色特别深的原因是拥有丰富的花青素和其他黄酮类化合物，这些抗氧化物质能够改进我们的记忆能力。可以在吃早餐时，在麦片、谷物早餐或植物酸奶中放一个掌心分量的莓类，下午茶时也可以吃新鲜或风干的果莓类作为小食。

2012年，哈佛大学有个研究发现，如果女士每天都吃一杯新鲜的蓝莓，可以减慢认知退化。

第三类——藻类

海藻类植物里有ω-3脂肪酸，里面包含的DHA可以令青年和成年人改善记忆力。当平时的饮食都吸收到DHA，那么血液中的DHA就会维持一个高的水平，使脑部思考的时候更加有效。只要发挥一下创意，就可以用不同种类的海藻，做一些凉菜、小食，加一些黑醋、香油、酱油等调味，就可以吃到美味有益又可增强记忆力的海洋植物了。我最近就试吃了一种海葡萄，它属海洋植物的一种，外貌像提子，味道及口感都令人惊喜。

海葡萄

第四类——坚果类

我们都知道核桃的样子很像人脑部的缩影，所以有以形补形的说法：吃核桃就是补脑的。其实核桃中的确含有一种脂肪酸，叫ALA（α-亚麻酸），在身体中ALA会转化成为ω-3脂肪酸供我们使用，对提升记忆力很有帮助，也可以改善心血管健康。在不同种类的果仁中，都有维生素E，它是油溶性维生素，可以减低认知退化，加上果仁中的维生素、矿物质可以改善我们的精神察觉力，所以每天下午茶时间，吃几粒（大约30克）果仁，里面的不饱和脂肪酸可以改善胆固醇水平和减少发炎的因素，有消炎的作用。

夏季和秋季特别适合吃牛油果酱。

粒粒牛油果酱

牛油果是我的早餐经常出现的食材，1/8 个大牛油果就有 1 茶匙的油，1 个小牛油果有 4~6 茶匙的油。它含有属于健康脂肪的单不饱和脂肪酸和丰富的维生素 E，对皮肤抗氧化有很大功效。核桃提供 ω-3 脂肪酸，每两三整颗的核桃含有 1 茶匙的油。

营养标签

每食用量：	35 克
热量	44 千卡
蛋白质	0.7 克
脂肪	4 克
- 饱和脂肪	0.5 克
碳水化合物	2.7 克
- 添加糖	0.3 克
膳食纤维	1.8 克
钠	60 毫克

食材（10 次分量）

牛油果（大）200 克
青柠两三个（或柠檬 1/2 个）
核桃 15 克
番茄 60 克

调味料

海盐 1/4 茶匙
新鲜罗勒（或薄荷叶）数片

牛油果

牛油果富含膳食纤维，一个大概 200 克重的牛油果含有 13.5 克的膳食纤维。成年女士每天建议的膳食纤维摄取量是 25 克，男士则是 35 克，吃一个牛油果已经差不多是全日所需要的膳食纤维分量的一半。增重时吃牛油果当然没有问题，但想控制体重或减肥的人士，每次适宜食用分量为 1/4 ～ 1/2 个。

步骤

1. 将牛油果从中间切开，舀起牛油果核，将牛油果肉舀出来放在碗中。
2. 把青柠或柠檬的汁挤出来，把核过滤掉，加入牛油果中。
3. 番茄切丁。核桃用小刀切碎后加入牛油果中拌匀。
4. 最后加上适量的海盐及新鲜罗勒（或薄荷叶），将所有材料混合，即成。

小贴士

1. 挑选牛油果时应选取表皮是深绿色或深棕色，而蒂是棕黄色或深棕色的。如果轻轻按下，牛油果有点软及弹性，那就刚刚好，不会太熟。若按下去太软就有可能里面已变黑或发霉了。
2. 牛油果酱可以涂在全麦面包或全麦饼干上。

专注减压力

大部分人在测验考试前临时抱佛脚，可能你在数月前已开始复习，只是专注力弱，每次复习完都只记得一部分内容，那么有什么方法可以增强专注力又减压，能让记忆力得以发挥，从而每次都考试顺利呢？

大脑需要有一个持久的能量来源，食用一些全谷物粗粮的碳水化合物，例如荞麦面、藜麦、五谷饭、全麦面包、燕麦片等，可以转化为优质能量。相反，精制碳水化合物包括白色的食物，例如白饭、面条、饼干、白面包、白面粉做出来的食物等，我们都不建议或鼓励食用。

增强专注力从饮食着手

另外，如果饮食中缺乏一些必需脂肪酸（EPA和DHA）、指定微量元素（例如锌和硒等），这很有可能会影响儿童、青少年的专注力。素食者和其他不吃鱼的朋友，可以从不同的植物性食物中摄取ω-3脂肪酸，例如豆类（黄豆等，含量最高的是大豆）、绿叶菜（含量最高的是菠菜）、奇亚籽、核桃及其他坚果。此外，也可以加上一汤匙压碎的亚麻籽粉作为补充，来获得大量ALA。一旦ALA进入体内，即可转化成少量的重要ω-3脂肪酸——EPA和DHA。

含微量元素锌的食物有很多种，例如菇类、芝麻、南瓜子、青豆、菠菜和味噌等。锌质除了可以维持免疫功能，对生长、发育和机体修复有帮助之外，也可以增强记忆力。

另外，缺乏维生素D也会影响专注力。每天吃的食物里面，维生素D的含量都比较低，所以维生素D是不能单靠食物来摄取的。可以选择晒太阳来令皮肤自己制造维生素D。每天可以在上午10：00至下午3：00这个黄金时间里，晒到脸、手、脚或背，或其中某几个部位。要留意的是不能曝晒或晒过量，15～20分钟就足够了。含有维生素D的食物有加钙和加了维生素D的豆浆、植物奶。全谷物早餐等也含有维生素D。

另外，若能减少食用加工食物以及含有人造色素、添加剂和防腐剂的食物会更加理想。虽然未有足够的研究指出，这些人造色素或者食物添加剂会导致过度活跃和专注力缺乏，但是越来越多研究指出食物添加剂对儿童和青少年的健康有负面的影响。通常看到糖果、巧克力上有五颜六色的涂层时，必须留意它们食物标签上列出的成分。食物成分在后面那一行，可能你会见到写着黄色5号，红色40号，蓝色1号，绿色3号等，这就是人造色素的名称，它们是需要清楚列明的。购买食物时，如果见到有几种食物添加剂的话，最好重新选择一些色素和添加剂较少的，因为这些加工食物通常都是高糖分、高热量且低营养价值的。

做运动可以令身体提升制造血清素的能力，在复习功课的时候有更强的专注力。在减压方面，益生菌、维生素、氨基酸和镁质、锌质，还有必需脂肪酸都可以帮助我们缓解情绪。含益生菌的食物可以是少量的泡菜，要选低钠的；不含味精的味噌汤、低脂原味植物酸奶和天贝（黄豆饼）等，都含有丰富的益生菌。

能量球是可以预先制作的下午茶或运动后作补充的小食。

能量球

食材（可制作 10 颗）

快熟燕麦片 80 克

南瓜子 15 克

松子仁 15 克

提子干（或无花果干）15 克

奇亚籽（可不加）

调味料

天然花生酱 3 汤匙

枫糖浆（或龙舌兰蜜）2 茶匙

营养标签

每食用量：	2 颗（37 克）
热量	165 千卡
蛋白质	5.2 克
脂肪	8.3 克
－饱和脂肪	1.3 克
碳水化合物	20 克
－添加糖	4.5 克
膳食纤维	2.6 克
钠	48 毫克

步骤

将所有材料混合，然后用手搓成小球。可于三日内享用，作为小食或运动后补充营养的轻食。

小贴士

如果混合时仍然感到材料太干或者不粘手，可以多加一点天然花生酱或自制坚果酱。

爱吃香口食物

很多人吃煎炸食物会容易长暗疮，到底是什么原因呢？按传统中国人的说法，称之为热气上火；而按营养学的说法，就是食物中氧化油分中的自由基在作怪。煎炸食物除了含高热量、高脂肪之外，也会使我们皮肤的老化加剧。薯片是很多人喜欢的零食，但薯片含有丙烯酰胺，大家经常买到的一些薯片或经油炸过的零食都含有这种致癌物质。

以下是部分零食中的丙烯酰胺含量：

产品	丙烯酰胺含量
品牌 A 烧烤味薯片	每 140 克含有 3000 微克
紫菜风味饼干	每 40 克含有 2100 微克
品牌 B 烧烤味薯片	每 60 克含有 1300 微克
薯片	每 38 克含有 900 微克
中型脆薯条	每 114 克含有 890 微克
海盐及醋味薯片	每 142 克含有 840 微克
品牌 C 烧烤味薯片	每 60 克含有 570 微克
芝士味夹心饼	每 370 克含有 510 微克
中薯条	每 75 克含有 370 微克
手指巧克力	每 70 克含有 370 微克
红色罐薯片	每 182 克含 360 微克

经常外出进食，接触加工类食物的概率会较高。比如我们平时去的西餐厅、咖啡馆、快餐店、茶餐厅等，会看到它们存放了很多罐头食品和包装食物，这些加工的食物又含有另外一种影响健康的物质，叫作邻苯二甲酸酯，它会增加我们患哮喘、乳腺癌、2型糖尿病的风险，甚至影响生育。邻苯二甲酸酯，英文为Phthalates，平时我们会在一些日用品、食物、饮品中发现这个化学添加剂。这项调查是由美国加利福尼亚大学伯克利分校（即我的母校）、加利福尼亚大学旧金山分校以及乔治·华盛顿大学的公共卫生专家合作进行的。在2005～2014年，专家搜集不同数据去分析，结果发现，如果成年人外出进食一天，其身体里的邻苯二甲酸酯水平会比在家中吃饭高35%，当中以对青少年的影响最为显著，外出用餐和在家中用餐相比，体内邻苯二甲酸酯高出55%。外出进食的时候，很多菜式都会选用煎或炸的烹调方式，有些餐厅使用的一些加工设备，或者制作食物时用的工具（如乳胶手套）和装食物的器皿（如发泡胶盒、塑料碗碟），都有可能将添加剂渗进我们摄入的食物中，影响青少年、孕妇、儿童的健康，也较容易干扰体内的激素，激素失衡也是引起暗疮或影响体重的因素之一。所以大家应减少食用加工食物，减少外出进食的频率。

增高伸展运动

瑜伽导师：邓丽薇

中文翻译：陈惠琪

20 岁后还可长高？如何达到脊柱的最佳长度？

长时间坐着、走路或站立、背着沉重的物件，导致背部肌肉僵硬以及腹部肌肉弱，是影响身高的一些因素，这也是老年人体态发生变化的重要原因，那么我们要如何维持最佳身高呢？

我们的生活习惯对脊柱发展起着重大的作用，以下练习可以帮助你了解自身的柔软度。另外，必须时刻留意生活习惯，以保持脊柱的最佳状态。

猫牛式（Chakravakasana，P. 74图 1 、图 2 ）：

1. 在瑜伽垫上跪下，双手按在地上。
   - 手指张开，指尖指向前方，手置于肩臂下，与肩同宽，肘部稍微向外旋转。
   - 两膝打开与臀部同宽，腰背平直。
2. 吸气。
   - 将臀部翘高，腰向下沉，身体成 U 形。
   - 眼望前方，打开胸膛。
   - 两手用力，感觉好像撑起自己。
3. 呼气（用鼻）。
   - 把背部向上拱，尾骨向下向内卷，身体成 n 形。
   - 脸向下，下巴贴胸，眼望向大腿。
4. 重复 8~10 次。

说明：此练习适用于脊柱前部和后部（骨盆至头顶）的屈曲和伸展。

山式（Tadasana）——第 1 部分：

1. 双脚并拢站立。
   - 脚趾张开站稳，感觉双脚在地上印压掌印一样。
   - 双手放松下垂，尾骨向下。
   - 放松肩颈，头部与躯干成一直线。
   - 呼吸以延伸腰部，向上拉长脊柱。
2. 感受站立。
   - 吸气时，从头至脚向上延伸。
   - 呼气时，肩胛骨放松。
3. 轻轻闭上眼睛，做 8~10 次深呼吸。

山式（Tadasana）——第2部分胳膊伸展（P. 75图 3 ）：

1. 保持山式姿势。
2. 吸气，双臂向上举高过头。
   - 十指紧扣，掌心向上压向天。
   - 保持肩膀放松，感受身体从脚至手的提升、伸展。
3. 呼气，放松。
4. 重复 5~8 次。

说明：对于心脏病患者，请避免做将双臂抬起高过头部的伸展，应向医生咨询其他建议。

山式（Tadasana）——第3部分侧伸（P. 75图 3 、图 4 ）:

1. 保持山式第 2 部分姿势，十指紧扣，双臂举起，掌心向上压向天。

2. 吸气，身体向上延伸。

3. 呼气，身体向外侧伸展，侧腰成月牙形状。

• 肩膀稍微向后转。

4. 维持姿势，呼吸 3 次。

5. 慢慢将身体摆回正中，再换侧练习。

Chapter 3

21 ~ 28 岁 自然修身法

大学生活致肥因素

很多人在读大学的时候，都会离开家庭，会因为不同的因素，有了不一样的生活和饮食习惯。比如我决定去美国留学，选择修读营养学，就要在那边生活。刚到那边，先是自己一个人住，后来试过和同学合租，以及入住寄宿家庭，只是短短一两年间，我的体重就增加了差不多10千克，身形暴胀，就像吹胀的气球一样。

致肥原因

第一位——多食多餐

在读书时期，我们喜欢去试吃不同的餐厅，有时会在朋友家中开派对，大家一起煮东西吃，还会吃零食、甜品等。因为认为自己上学读书很辛苦，就不停地买各式各样的食物来奖励自己，上课、复习时吃，或者熬夜赶功课时吃，总之就是不停找东西吃。

第二位——酒精热量高

18~21岁的青年，在大学短短三四年间，精力充沛又没有父母的管制，就会趁周末尽情享受夜生活，去参加派对、饮酒等。酒精的热量其实是非常高的，每1克的酒精就有7千卡热量，而每1克的脂肪或者油有9千卡热量，7和9其实相差真的很少，所以过量摄入酒精也是致肥元凶之一。

第三位——自制饮食

读大学的时候，我开始在家中制作食物、甜品，尤其是纽约芝士蛋糕，每逢同学生日，我就会做不同款式的蛋糕送给他们。除了蛋糕、松饼，还会研制一些热量、糖分、脂肪都高的甜品，虽然是送人的礼物，但是制作过程中，自己试吃也吃了不少。

第四位——太晚入睡

当我们睡眠不足的时候，身体的内分泌系统分泌出来的瘦素就会不够，瘦素的作用是帮我们控制食欲，不容易过量摄取食物。当我们很晚才休息，或者通宵不睡的时候，就会发现很容易感到饥饿，总是想吃点东西，不然就睡不着，甚至没有力气去完成功课或为第二天的考试复习。如果深夜进食了，那么全天所摄取的热量就多了很多。还有研究指出，当我们睡眠不足时，第二天会较容易选择不健康的食物（可能是比萨或一些很甜的面包）做早餐，还会狂吃油炸上火的食物。

我曾经在学院里的餐厅打过工，下班的时候，员工可以将卖剩的甜甜圈拿回家。美国的甜甜圈有很多不同的口味，例如巧克力味、果酱味，最初因为有免费甜甜圈吃感到很开心，可是不到一个月就吃腻了，可能因为甜甜圈是炸物，而且加了很多糖。除了甜甜圈，还有雪糕，吃得最多的就是珍珠奶茶里的珍珠。

大学生涯里，水果和蔬菜的摄取是不足的，当然我自己做饭时，虽然提高了蔬果的比例，但那个时候未100%吃素。住过寄宿家庭后，就出来和同学一起合租，每次晚餐都会每人负责做一道菜，然后分享。那时候会经常煮加工食品和高油食物。等到开始读营养课程时，就开始做更多的蔬菜类菜肴，尤其是不同颜色的蔬菜，又试做一些沙拉、西式杂菜汤等。其中我最喜欢做的一款煎炸食物，就是韩式的杂菜煎饼。

上课的日子，大部分时间都是坐着的。全日制课程会去不同的教室上课，每天要走动的时候大概就是换教室时，其余时间不是学习，就是窝在家中，除非去上体育课，或者去健身。如果不是特别喜欢运动，大部分学生都未必会在时间表中加入运动一栏。正因如此，在大学生活里，运动就会慢慢被遗忘，而这样的生活习惯，就导致每天摄取的热量会高于每天所消耗的，所以在外国有一种说法叫作“freshmen fifteen”，意即大学生第一年平均增重15磅（1磅约为454克）。

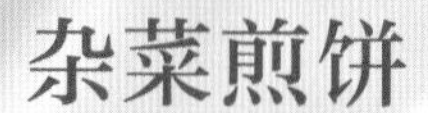

我最喜欢吃葱油饼、韩国葱饼和煎饼类的食物。我住在美国纽约市的长岛（Long Island）时，会和一些外国朋友轮流到各自的家中做饭吃，或者每人准备一道菜拿过来，而我经常做的就是煎饼了。

营养标签

每食用量：	1块（102克）
热量	112千卡
蛋白质	3.2克
脂肪	5.1克
－饱和脂肪	0.7克
碳水化合物	15.9克
－添加糖	2.1克
膳食纤维	2.9克
钠	112毫克

食材（可制作 6 块）

紫甘蓝（小）150 克

西葫芦 190 克

胡萝卜 50 克

玉米粒 100 克

新鲜香草（如罗勒）适量

泡打粉 1 茶匙

全麦面粉 1/2 杯

食用油（如橄榄油或香油）2 汤匙

调味料

海盐 1/4 茶匙

柠檬汁（或青柠汁、苹果醋）适量

步骤

1. 胡萝卜去皮，和紫甘蓝、西葫芦分别切丝，放入大碗中，备用。

小贴士

若想容易煮熟或咬碎可切细丝，喜欢口感强些可切粗丝。

2. 将玉米粒、罗勒、泡打粉、全麦面粉和 1 汤匙油加入蔬菜丝中，加入海盐后搅拌至浓稠。
3. 以中小火先预热锅，加入 1 汤匙油。
4. 热锅后，分次将蔬菜浆下锅，每次用 1 汤匙可制成小块的煎饼。
5. 先煎好底部，耗时两三分钟，然后轻轻用木锅铲压一压，翻转至另一面，再煎两三分钟或直至两面成金黄色，盛盘。
6. 煎饼可蘸点柠檬汁、青柠汁或苹果醋同吃。

小贴士

尽量不要煎至深棕色或变焦。这个煎饼适合带到公司做午餐，或晚餐时配沙拉一起吃。

必读营养标签

很多人家中都会储存零食，说是以备不时之需，但其实是嘴馋，吃饱饭看电视也要吃两口零食。大家都知道零食无益，但又戒不掉，是否有些方法可让我们懂得选择又吃得比较健康呢？

选购包装食物时，最重要的是看包装上的成分和营养资料。比较同类型产品时，我们应选择添加剂、防腐剂、色素、味精等都较少的食品。

营养标签中的糖

通常有营养标签的食品都是有包装的，所含成分的种类越少、越清晰，是整全食物的就越好。如果你正在减肥，选食物看成分的时候，最好前三个成分都不是糖，为什么呢？如果我们买饼干或者糖果，成分中一定有糖，而且会排在成分表的前三位。而市面上零售的巧克力，即使是黑巧克力，成分中的糖分都经常排在前两位。问题来了，如果我们买巧克力时，糖分排第一位，那代表什么呢？其实这代表我们买的并不是巧克力，而是有巧克力味的糖果！所以如果你真的喜欢吃巧克力，购买成分表中第一位是可可或可可制品，才是正确的选择。同时你也要比较不同品牌，选择在相同的食用分量基础下，糖分较低的。举例，拿起一块巧克力，看它的营养成分表，以食用分量每100克来计算，即代表表格内所有资料包括能量、脂肪、蛋白质和糖分等，都以每100克巧克力来看内含多少。举个例子，一块普通的巧克力，每100克有40克的糖，因此我们可以知道，其实大半块巧克力都是添加的糖分，同一块巧克力里有38克是脂肪，7克是蛋白质，想保持身材的你，看到这样的成分都不打算买来吃了吧？假如有低糖的选择，以每100克的食物来计算，少于5克的糖分，就可以称之为低糖，超过15克的糖分就属于高糖分食物，不建议购买。

营养标签中的钠

在食物标签的条例下，必须根据指引标示，不能乱标，那咸味的零食又如何呢？用一包夹心紫菜零食作为例子，它的营养成分表写着每25克的食用分量里面的热量有125千卡（即500千焦能量），属于我们建议一个下午茶或者小吃含热量100~200千卡的热量范围；而蛋白质含量有7克，算是比较丰富的；脂肪6.5克，其中0.7克是饱和脂肪，其他是不饱和脂肪，它没有反式脂肪；碳水化合物9克，其中糖分是2克；盐分是210毫克。这样看，我们知道每25克的紫菜零食里，它的钠有210毫克，但不知道这样是算多还是少，如果将它变回每100克食物计算的话，就知道每100克的紫菜零食含有840毫克的钠（25克×4＝100克，所以210毫克×4＝840毫克）。含钠质的食物我们需要看它的标签，如果每100克食物含钠高于600毫克，就属于高钠食物，不建议大家经常食用。太高的钠质会影响血压，又或者增加水肿发生的风险，对心脑血管都不健康。零食基本上很难会是低钠的食物，每100克食物含钠少于120毫克，才可以声称是低钠。

女生们不想水肿，每天摄入的钠总量要少于2000毫克，或者每天摄入食盐量少于5克（每1茶匙的盐就是大概5克）。如果我们外出进食，或者吃即食面条的话，成年人每一餐建议不要摄取多于800毫克的钠质。800毫克的钠质相当于1汤匙的豉油，或1/3茶匙的盐，又或者是1/2个杯面。

营养标签中的脂肪

在计算脂肪方面，营养标签上会看到总脂肪的字眼。以全日摄取1800千卡为例，每天从食物本身、添加油和食用油中摄入的脂肪应少于40克。从一些包装食品上的营养资料，可以看到分别有饱和脂肪和反式脂肪，它们都会增加血液中的胆固醇水平。反式脂肪最好是0，因为过量摄取反式脂肪会增加患心血管疾病的风险，或令胆固醇上升。至于饱和脂肪，按照指引需要，总热量中来自饱和脂肪的部分需少于10%，以全日热量摄取量1800千卡来说，建议摄取饱和脂肪少于20克。所以当见到某些零食包装上写十几克的饱和脂肪（每100克食物），最好不要吃，除非你三餐都不吃正餐，没有其他饱和脂肪的摄入，所以零食往往是致肥的最大元凶。

生机巧克力草莓

当我还在纽约当实习营养师时，每逢放假便有很多同学聚会。经常做的食物是一些煎饼、玉米片蘸牛油果酱等。而我会重复做的一款甜品就是健康又好吃的巧克力草莓。

营养标签

每食用量：	1 颗（27 克）
热量	48 千卡
蛋白质	1.0 克
脂肪	3.3 克
- 饱和脂肪	1.3 克
碳水化合物	4.1 克
- 添加糖	2.2 克
膳食纤维	1.1 克
钠	1.2 毫克

黑巧克力

黑巧克力对健康也是有好处的。在 2015 年的食物饮食习惯问卷调查中，发现大部分有吃巧克力习惯的人士，比完全不吃巧克力的人士患心脏疾病或中风的风险较低。另一份 2015 年的临床营养报告中，发现如果长者喝高浓度或中浓度含抗氧化成分的可可饮品，他们的认知能力会有改善。

食材（可制作 20 颗）

有机草莓 20 颗

有机巧克力（不含牛奶）200 克

杏仁碎（或开心果碎、椰丝）50 克

步骤

1. 先将一个碗放在另一个已装满热水的碗上，利用水浴法将切碎了的巧克力化开，可用羹匙搅拌。
2. 把预先洗净及擦干的草莓蘸上巧克力酱，再撒上杏仁碎、开心果碎或椰丝等作装饰。
3. 草莓放入玻璃器皿，密封后放进冰箱。待巧克力凝固便可享用。

小贴士

建议用可可含量 60%~70% 的黑巧克力。

渐减10千克，我可以！

话说我在外国留学时发福不少，家人也说我肥肿难分。我和好朋友去逛街时，她在试身间看着我很诚实地说："秋惠，你可太胖啦！"这句话不禁令我认真反省，决心开始健康饮食模式，恢复原本的优美体态。

我体重最高曾达62.5千克，那时都穿一些大尺寸的衫裤、裙子，现在体重就保持在52.5千克上下。那时我大概用两年的时间从胖变瘦，大学毕业的时候已经瘦身成功，这令我深深体会渐减的好处。首先要明白，胖不是一朝一夕的，所以减的时候最好也要渐减，如果短时间减太多的话，很难维持减重的斤数，而且也容易反弹，比未减时更重。很多人认为跟着减肥菜单吃会较有效，但如果你减肥的决心和执行力不大，结果应该也不会太理想，所以减肥其实是要调整好饮食习惯。坚持以下几个原则，逐步将不良习惯戒除，用全新的健康生活模式，除了能令我们保持健康，也能逐渐减重，维持标准身材。

戒淀粉质可以减肥?

淀粉不用戒，如何吃才是最高境界——我建议大家尽量吃五谷类主粮，例如用燕麦、藜麦、多谷米、全麦面包、全麦意粉，代替白饭、白面包、白色的面。原因是平时吃的白饭其实没有膳食纤维，而全谷物的膳食纤维、维生素会较多。平时饮食中吸收足够的膳食纤维有助于减重，更可以增加饱腹感。晚餐可用玉米、带皮番薯、土豆代替米饭。完全不吃淀粉质，为了饱腹，可能会多吃点其他菜肴，这些食物的脂肪含量往往都比淀粉质高，所以还是要靠适量的淀粉质去增加我们每一餐的饱腹感。

吃早餐可减肥?

减肥记住要吃早餐，效果才会更加理想——从前一晚饭后休息睡眠到第二天起床吃第一餐，大概相隔了12小时，身体需要一些重要元素，补充整日的能量，那就是营养早餐。全日的能量在早上注满了，我们才有精神、专注力去学习和上班，新陈代谢才不会减缓。还有一点，减肥是不需要挨饿的！要注意的是当天每餐之间不建议相隔多于4小时。我建议随身带些健康小吃，例如果仁，或者新鲜的水果、豆浆等。

运动有助于减重?

七分靠饮食，三分靠运动，七加三就十全十美了。单靠饮食减少热量的确可以减重，但如果完全不做运动，长期而言，对健康是没有好处的。做运动不单可改善情绪，令自我感觉良好，还可以增加肌肉，当肌肉质量比以往好时，新陈代谢也会较快。比如说以往的肌肉只有20千克，如今有30千克的话，就算不做任何事情，每一分钟燃烧的热量都会更多，脂肪会被转化为能量。

全低脂饮食减得较快?

如果可以控制食用油的分量，当然不用所有食物都选择低脂。需要配合均衡的碳水化合物、蛋白质和脂肪的摄取来减重。如果在家烹调食物，可以控制食物中的油分。焯菜比炒菜好，将菜焯熟后用喷壶喷少许橄榄油，比较健康又不会浪费。若一日三餐都在外吃，那么可以选一些比较低脂的食物，这样可以减少热量的吸收。现在市面上一般有低脂或脱脂食物可供选择，例如纯素芝士、椰奶，甚至鹰嘴豆酱都有低脂配方。

健康脂肪不怕吃

脂肪分健康脂肪和不好的脂肪两种。反式脂肪和饱和脂肪属于不好的，建议减少摄取。反式脂肪会令身体的坏胆固醇增加，增加患心脑血管疾病的风险，而饱和脂肪会令血脂和胆固醇升高，影响心脑血管健康。含有单不饱和脂肪酸和多不饱和脂肪酸的脂肪是比较健康的，例如果仁、橄榄油、牛油果油和亚麻籽油等，是对身体有益的脂肪，我们能做到用健康脂肪来取代不健康的脂肪就最好了。

一般人在日常饮食中摄取的ω-3脂肪酸都不达标，每天的建议量是2000毫克（包括EPA和DHA）。可以从果仁类、种子类食物摄取，或者直接食用藻油丸，这有助于调整血压，也有消炎作用，可减少痛症等。

蔬果你吃得够吗?

2015年的香港人口普查结果显示，94%以上成年人每天吃蔬菜水果不足。建议每天最少吃2份水果和3份蔬菜。1份蔬菜可以是1/2碗熟的菜或1碗生的沙拉菜；拳头大小的水果为1份。你不需要担心吃水果会致肥，除非你狂吃或吃一些较高热量、高糖分的水果，例如榴梿。

减肥要保暖?

现在香港的冬天，人人都说不冷。当年我留学时，旧金山的天气寒冷，早晚温差十几二十摄氏度，每天出门我有避寒三宝：薄外套、围巾和帽子，穿好三宝基本上都可以避免着凉。今时今日在香港，很多人忽略保暖的重要性，天天吹空调其实已经是慢性受寒，从中医的角度来讲，着凉容易令气血失调，影响新陈代谢，尤其女孩子的腰、膝盖等位置受凉，都是导致我们变肥变肿的因素。

按照以上原则，过去我在减肥的时候，最喜欢吃的早餐是全麦面包和新鲜水果片，再抹上天然花生酱（无添加糖和油），夹成一个三明治，或是燕麦片配新鲜水果加一杯豆浆，这样就已经很满足了。午餐我会吃彩虹沙拉，选择不同颜色的菜配一片全麦面包，下单时千万要记得要求沙拉汁分装，油醋汁是比较好的选择，蘸汁食用即可。

如果你很喜欢吃甜品的话，建议一个星期内只吃一次，这样对减肥的效果会特别好。我维持体重的运动是做瑜伽，练习了超过8年，发现如果一个星期可以做到两三次，除了可以控制体重、使肌肉更紧致、令线条更突出，最大的收获是身心都健康。

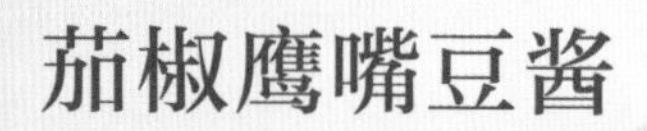

茄椒鹰嘴豆酱

营养标签

每食用量：	50 克
热量	115 千卡
蛋白质	4 克
脂肪	6 克
- 饱和脂肪	0.8 克
碳水化合物	12 克
- 添加糖	2.1 克
膳食纤维	3.4 克
钠	60 毫克

食材（10 次分量）

鹰嘴豆 425 克
橄榄油 3 汤匙
芝麻 20 克
柠檬汁 2 汤匙

自选配料

番茄干
烤红灯笼椒
茄子（煮熟）

调味料

盐 1/4 茶匙

步骤

1. 鹰嘴豆洗净后沥干，放入食物料理机内。
2. 加入芝麻、盐、柠檬汁和自选配料，将食物搅拌并加入橄榄油。
3. 搭配全麦皮塔饼或用作沙拉酱即可。

小贴士

可加入红菜头或用罐头黑豆和红腰豆代替鹰嘴豆。

正念饮食

早在20世纪，有人就相信慢慢咀嚼食物可以改善或者解决很多身体的毛病，而近年有越来越多的研究探讨吃得慢是否可以帮助我们管理体重、减少选择不健康的食物。

“Mindful eating”在我读硕士的时候接触比较多，记得有一次去参加全美国的营养师年会（Food & Nutrition Conference & Expo，FNCE），会上有一个主题就是讲如何可以专心地吃巧克力。我将“mindful eating”译成正念饮食，其实还有很多其他翻译方式。那一次我就试了很不同的吃巧克力的方法。演讲者叫我们拆开一颗类似复活蛋的巧克力，很小的一块，有锡纸包着。他叫我们首先拆开锡纸，闻一闻，看一看，感觉一下它的质感，又听听它有没有声音，再放在我们的嘴唇上面滚一滚，先不要吃，然后他叫我们只吃一半，用锡纸包好另一半，叫我们慢慢等巧克力在口中化开，那一次的体验令我觉得自己真的是在吃甜点。除了巧克力，其他的甜品都可以用这种慢食、专心的方法，用所有身体的感官去享受食物，真真正正地了解它的原味。当然还可用这个方法去吃其他东西。那一次我就记得吃完头一半的巧克力后，隔了很久，才问自己还需不需要再吃剩下的那一半。平时吃喜欢的食物时，可能直接就塞进口中，嚼一嚼就吞下去了，根本没有好好享受或者体验食物的乐趣。

有研究指出，如果进食的速度太快，会阻碍肠道分泌饱腹激素，令我们在不知道饱的情况之下，过量进食。胃和大脑要沟通，需要等我们吃饱了（大约20分钟之后），大脑才会收到讯息，通知我们：“喂，要刹车了，要收油门了，不能再吃了！我的胃满了，很饱呀！”所以每餐最好用20~30分钟完成，就可以避免过量摄取热量而导致肥胖。有充分的时间咀嚼，可以帮助消化得较好，也有助于体重管理。

以下方法和贴士分享给大家参考和试做：

用进食的前5分钟，感恩食物，感恩太阳、农夫，感恩要运送食物、要处理食物、要卖食物和烹饪食物的人，当中可能是家人、朋友、厨师，还有饭店的服务员等。由食物未生长出来的时候直至吃到我们肚中，这个过程经过好多人的手，可以用感恩的心去享受食物。夹了食物进口之后，放下筷子或刀叉，等咀嚼完毕、吞下，才再拿起筷子夹食物。这个方法可以减少进食的分量，还可以在吃东西的时候避免看手机或看电视。如果在吃饭时做其他分心的事情，会令消化和吸收能力变差，从而浪费很多食物的营养价值。

硕士课程中，我们要上多个学期的烹饪实验课。

我们吃东西的时候，应该专注于食物的味道、口感、温度、形状和颜色等，吃到一半的时候，就可以问问自己现在究竟几成饱呢？我是不是还饿呢？建议每一餐吃七成饱，就已经足够。

还有一个特别又有趣的做法，如果平时是用右手拿笔或者拿筷子的话，可以试试在家中进食的时候练习一下用另一只手，即用左手拿筷子或者叉子进食，这样就可以大大减慢进食的速度。

正念饮食法在研究中是用来做体重管理和维持减重的，所以记得提醒自己每次进食都要专注，控制分量自然无难度。

秋惠于马里兰综合健康大学（MUIH）硕士毕业时收到学校送的一束鲜花。

彩虹饭

这个是我经常分享给学员和客户的瘦身食谱。适合作为自备午餐或与家人一起制作的缤纷晚餐。

营养标签

每食用量：	1瓶（390克）
热量	500千卡
蛋白质	6.5克
脂肪	29克
－饱和脂肪	4.1克
碳水化合物	57克
－添加糖	15.4克
膳食纤维	7.9克
钠	215毫克

食材（可制作2瓶）

番茄130克（或红灯笼椒1个）
胡萝卜140克（或细木瓜1个）
玉米粒70克
黄瓜80克（或菠菜叶1杯）
猕猴桃100克（或毛豆1/2杯）
蓝莓60克
紫菜丝2克
十谷米1/2杯（或生米1/2杯）

酱汁

橄榄油1/4杯
枫糖浆1/4茶匙
米醋1/8杯
青芥末酱1/8茶匙
盐1/8茶匙

步骤

1. 预先浸泡十谷米，用电饭煲煮熟。
2. 除蓝莓及玉米粒外，胡萝卜去皮、切丝，其他材料切丁。
3. 在一个玻璃瓶内，把材料以彩虹颜色逐层放于饭上。
4. 将酱汁拌匀后，淋到彩虹饭上。

小贴士

1. 如需减少脂肪量，可适量减少酱汁。
2. 进食前才淋上适量酱汁。在外就餐时，可以在下单时要求酱汁和沙拉汁另上，较容易控制食用分量。

手摇饮品令你胖多少?

平时我们说如果每天喝一杯奶茶，一年就会让你胖5千克！近年流行手摇饮品，有些青少年几乎上瘾般每天喝一杯珍珠奶茶，焦糖、榛果、杧果、百香果、水蜜桃等种类繁多，都会在制作饮品时放糖浆。其糖分含量当然是非常之高，若每天喝一杯的话，一个星期便可令你增重1千克，而一杯珍珠奶茶已经相当于两碗饭的热量，比一餐需要摄取的热量还要多。饮用过多会导致肥胖。

高糖饮料影响健康

经常喝高糖的饮料，会影响血糖水平，增加发炎或患慢性炎症的风险，也会增加患心脑血管疾病的风险。对女生来说，容易长暗疮。而茶类饮料中有咖啡因，如果平时身体分解咖啡因速度较慢，也会影响睡眠质量。珍珠奶茶或手摇饮品是一些高热量、低营养密度的饮品，会令我们饱得快而吃不下正餐，而且有些饮品用的是奶精或淡奶，多余的饱和脂肪和反式脂肪会增加我们体内的坏胆固醇。

如何饮得较健康？

你可能会说：“没事的，我买的时候可以选甜度啊！”一般饮品店会分几种甜度：全糖、七分糖（少糖）、五分糖（半糖）、三分糖（微糖）和无糖，按店内每款饮品的配方，按比例减少加入饮品内的糖量。但是据我所知，现在很多款饮品的用料已调配好，不会再让客人选择甜度，所以就算选择无糖，没错，他们并没有额外加入糖浆，但如果饮品是有配料的话，例如珍珠、芋圆、魔芋、仙草等，基本上这些配料一早已经泡在糖浆内，所以即使你选无糖，都会有一定的糖分在饮品中。假如有一天真的很想喝饮料，建议选择基本上无糖的饮品，加一些含有膳食纤维或者蛋白质的配料，例如魔芋、芦荟、红豆、仙草等，其热量比较低。或者可以选无糖水果茶，其含有膳食纤维和维生素，但要记得吃果茶中的水果，才能吸收到营养呀！

其实除了手摇饮品，一般在餐馆吃饭时都会随餐附赠饮品，大部分人选择冷饮而又没有特别要求少甜时，那杯就等于是糖分超标的全糖饮品了。杯中一般有50~70克糖分，即等于有8~10茶匙的糖在你那杯饮品中。根据世界卫生组织的游离糖摄入量建议指引，每天来自添加糖的热量最好少于10%，较理想的是少于5%。如果一位女士全日摄取热量为1500千卡，少于10%来自添加糖，即代表37.5克糖（1克糖可产生4千卡热量）是她的上限。如果想更加健康，尤其是减肥的话，我们来自添加糖的热量应控制在5%以内，即每一天来自饮品、食物、酱汁的添加糖加起来不可多于19克（约4茶匙）。

我明白想要立刻戒掉喝饮料的习惯是有点困难，以下有几个喝饮料的小贴士，大家不妨一试。

1. 比较健康的饮品配搭：新鲜水果茶去糖少冰，含丰富的维生素和膳食纤维；仙草绿茶去糖，是热量较低的饮品；鲜芦荟柠檬汁去糖，有丰富的膳食纤维且有助于肠道健康。

2. 选用无糖豆浆、黑豆豆浆、芝麻豆浆等代替全脂奶，可以减少热量和脂肪的摄取。

3. 尽量不选择加有糖浆调味的饮品：桃、百香果、姜、冬瓜、榛果、焦糖、黑糖、巧克力等口味饮品，除非写明是用新鲜无添加糖的果汁调配，否则基本上都会加入糖浆调味。

4. 容易肠胃不适的朋友，可以选择去冰或者少冰；选小杯的饮品，避免一次喝太大杯，可以减少热量的吸收。

5. 乳糖不耐受的人士，应避免选加入奶类的饮料，以免发生腹泻。

奇亚籽燕麦奶绿茶

这个自制下午茶饮料，热量大约 200 千卡，脂肪约 9 克（多属于不饱和脂肪），有 7 克的糖分（来自燕麦奶和龙舌兰蜜）。

营养标签

每食用量：	1 份（278 克）
热量	197 千卡
蛋白质	5.5 克
脂肪	9.3 克
－饱和脂肪	0.9 克
碳水化合物	24 克
－添加糖	7.2 克
膳食纤维	7.8 克
钠	105 毫克

燕麦奶

这里选用最近流行的燕麦奶，因它含有水溶性膳食纤维，可帮助降低胆固醇。

奇亚籽也是补充植物性 ω-3 脂肪酸的食物来源之一。对孕妇、婴儿的脑部和眼睛发育都有帮助，还有消炎作用，可减少慢性炎症。对运动员来说，可以帮助提高耐力、关节灵活性，且有助于肌肉的恢复。此外，奇亚籽属高膳食纤维食品，可增加饱腹感之余，也有助于肠道消化及益生菌增长。

绿茶则有抗氧化功效，对美白、抗衰老、改善皮肤色素、延缓老化有帮助，它的茶氨酸可令我们轻松平静，有安神作用。

食材（1 人份）

无糖燕麦奶 240 毫升

奇亚籽 1 汤匙

绿茶粉 1 汤匙

龙舌兰蜜 1/2 汤匙

小贴士

这个饮品除了用燕麦奶，也可选高钙豆奶或杏仁奶等。

步骤

1. 将燕麦奶和奇亚籽放在杯中泡至奇亚籽膨胀，约 10 分钟，备用。

2. 将绿茶粉和龙舌兰蜜放碗中拌匀成绿茶糊浆。可将绿茶糊浆擦在杯边作装饰。

3. 将燕麦奶和绿茶糊浆倒进杯子里。视个人喜好加入新鲜水果肉。

减少脱发

近几年的饮食令我很少掉头发，再加上最近试用了一个洗头的方法，发现真的能减少脱发。

女孩子出现脱发的情况越来越年轻化，洗一次头，头发一撮一撮掉在地上。我曾经也有此烦恼，在家中洗头后，妈妈和妹妹望到浴缸的情况都会说："哎呀，你掉了这么多头发！"

脱发的原因

首先，导致脱发其实有多种混合性因素，每天大概掉100根头发是正常的。脱发的原因可以是遗传、贫血、甲状腺疾病、激素和压力问题，或药物的副作用等，如果你正在哺乳期、怀孕期或更年期，都有可能脱发。除此之外，平时对于头发的护理不当必会导致脱发，譬如用太多洗发水，梳得太用力，吹风机出风过热，或者头发扎得太紧等，但影响最大且最直接的是饮食习惯：蛋白质和铁质摄取不足，因减肥过度导致营养不良，甚至维生素补充剂摄入过量等，都会导致大量脱发。

以下是几种对头发健康很重要的营养素

1. 蛋白质——是身体中每一个细胞结构组成的重要营养素，如果在平时的饮食中蛋白质摄取不足，或者我们吸收不好，营养素就可能无法滋养头发。

2. 铁质——如果血液中的铁质含量比较低的话，会出现掉很多头发的情况。含丰富铁质的食物包括豆类、亚麻籽粉、核桃、夏威夷果仁、深绿色的蔬菜、紫菜、无花果干等。要留意的是，当吃植物性铁质食物的时候，需同时配合吃维生素 C 丰富的食物或饮品，例如柠檬水、新鲜水果、西蓝花、番茄、灯笼椒等，这样才可以吸收到更多的铁质。

3. 微量元素——锌，锌这个微量元素能令头发结构更强壮健康，还可加快头发的生长速度。含丰富锌的食物包括豆类、全谷物、亚麻籽、核桃、强化锌的早餐谷物产品等。如果头发不健康，甚至脱发，那么很有可能是因为身体缺乏锌。

4. 硅——对我们制造健康头发起着重要的作用，而植物性食物中含硅量较动物性食物多。可以吃一些富含硅的食物，如燕麦、糙米、胡萝卜、四季豆和提子干等。

5. 维生素 D——2013 年的一项观察研究中发现，有脱发问题的女性，其血液中的维生素 D 水平严重低下。维生素 D 在日常饮食中是不能够达到每天的建议摄取量的。所以在日常生活中，建议靠晒太阳令皮肤自己制造足够的维生素 D。每天可在上午 10 ： 00 至下午 3 ： 00 之间，让太阳光线照射到我们的手、脚、背部或脸。爱美的女士可在脸和颈上涂抹防晒霜，让阳光晒到手、脚、背即可。皮肤接收到阳光光线，让身体自行制造维生素 D，预防脱发之余，还可以令心情开朗和改善钙的吸收，预防骨质疏松。

6. 维生素 A——帮助头发生长和维持健康的毛囊。足够的维生素 A 可以使我们有更浓密和更长的头发。深绿色的蔬菜和黄橙色的蔬菜类（譬如胡萝卜、南瓜等），以及杏脯干、西瓜和一些热带的水果，都含丰富的维生素 A。

7. 维生素 B_7——又称生物素，身体需要维生素 B_7 来代谢蛋白质、脂肪和碳水化合物。如果我们身体内维生素 B_7 不足的话，代谢营养便会出现问题导致营养不良，长远来说，会令头发的毛囊不健康，有脱发的问题出现。虽然到现在为止没有足够的研究证据支持吃维生素 B_7 的补充品可以预防脱发，但都不应该忽略它的重要性。饮食方面，可以选择吃一些豆类、黄豆粉、酵母和全谷物（例如燕麦、糙米、五谷、荞麦等），这些食物都富含维生素 B_7。

用天然的清洁剂洗头

我要介绍的天然清洁剂就是茶籽粉，它富含天然茶皂素，有杀菌、消毒、止痒的功效，自古以来人们除了用它来洗头之外，还用来洗蔬菜水果、洗碗碟、洗澡、洗衣服等。

方法步骤

1. 将茶籽粉倒在盆内，加温水搅拌至完全化开；
2. 均匀地倒在湿发上，并按摩头皮和头发；
3. 过水洗净。

用茶籽粉洗发一段时间后，洗发过程中只会掉几根头发，但如果用普通洗发水，就起码会有二三十根头发掉落，对比真的很明显！茶籽粉的好处就是不伤皮肤，也没有化学残留，是非常安全的清洁剂。追求天然的朋友真的很值得一试。

茶籽粉（Camellia seed powder），天然洗发剂，有助于改善脱发问题。

紫薯泥沙拉球

紫薯泥沙拉球既可马上热乎乎地吃，也可冷冻后带回公司作为早午餐，甚至作为下午茶也非常适合。

营养标签

每食用量：2颗（105克）	
热量	75千卡
蛋白质	1.4克
脂肪	0.2克
－饱和脂肪	0克
碳水化合物	17.8克
－添加糖	5.5克
膳食纤维	2.9克
钠	33毫克

紫薯

紫薯是胡萝卜素的来源，转化成维生素A后有助于皮肤腺体产生皮脂、滋润头皮，保持头发健康及增加头发生长速度。颜色鲜艳的紫薯抗氧化成分含量高，也是高膳食纤维的根茎类，可代替米饭及其他精制淀粉质，例如面包、白面粉制造的饼干。每个乒乓球大小的紫薯能代替1汤匙白饭，非常适合正在进行体重管理的你。

食材（可制作 10 颗）

紫薯 300 克

玉米粒 40 克

沙田柚子肉 90 克

雪梨 100 克

小贴士

每个紫薯球大小接近乒乓球。

步骤

1. 先把紫薯用刷子洗掉泥沙，连皮切丁蒸熟，蒸 15 ~ 20 分钟。

2. 在玻璃器皿中，用压泥器或叉子将紫薯压成泥，不用去皮。

3. 加入玉米粒（可用新鲜玉米粒或罐头玉米粒），再加入沙田柚子肉（可将白膜去掉）。

4. 将雪梨切成丁，用盐水泡一泡，沥干，再加入紫薯泥中混合。

5. 若有挖球器，可将材料刮成球形，也可用双手将紫薯搓成小球。

缓解经前期综合征

读大学的时候，在还未开始100%吃素时，我体验过在上食物科学煮食课（Food Science Lab）时严重痛经，当时坐立不安，面青唇白，最后要同学搀扶回家休息。经前期综合征（PMS）其实包括很多不同的症状，生理方面例如痛经、头痛、乳房胀痛、疲倦、水肿、便秘和腹泻、失眠等。在情绪方面可能会有焦虑、抑郁、情绪飘忽不定、脾气暴躁、精神难集中等。还有些人身体上会出现某些现象，例如，食欲发生改变、体重增加、生暗疮、肌肉痛、关节痛等。

月经来之前7～14日开始，食欲较容易发生变化，通常食欲会大增，或特别想吃某些食物，通常是碳水化合物含量较高的食物，尤其是含糖的食物，甚至是刺激性口感的食品或饮品。碳水化合物食物中有氨基酸，在体内可以转化为血清素，血清素水平增高可帮助改善心情。但要注意的是，我们要区分复合性碳水化合物和精制淀粉质，如果只吃一些白色的碳水化合物，如白饭、白面包、粉面等，属低膳食纤维和高升糖指数的食物，这样胰岛素会升得很急，不但有可能出现水肿，也会增加在尿液中排走镁质的可能。镁有助于缓解肌肉紧绷和疼痛，镁质过量流失或排走，就不能够帮助我们缓解疼痛了。

经前期综合征成因

经前期综合征的成因有很多，一些人饮食习惯差，嗜糖、刺激性口感的食品或饮品、咖啡因，压力大，或缺乏微量元素等都是令经前期综合征严重的因素。过量摄取咖啡因或刺激性口感的食品、饮品，都与痛经有关，而在治疗经前期综合征方面，没有证实做运动是经前期综合征的治疗方法；但有很多研究已经指出，对整体的健康来说，做运动可以增加内啡肽，能改善情绪，亦可减少犯困、疲倦的情况。

减轻经前期综合征的营养素

1. 钙质和维生素 D。这两样都是保持骨质健康所需的主要营养素，而它们又和雌激素相关。雌激素可以增加钙质的吸收，尤其是肠胃的吸收，也可维持钙质在骨骼中的水平。有研究指出，如果在食物中摄取丰富的钙质，可以减少三成经前期综合征发生的风险。维生素 D 帮助我们吸收钙质，所以有足够的维生素 D，可以减少 31% 的风险出现经前期综合征。

2. 铁质。有一个为期 10 年的研究，研究者找来一批本身没有经前期综合征的女生，她们的日常饮食以植物性食物为主，也没有食用铁质补充品。研究指出，她们有经前期综合征的风险较低，也指出血红素铁（即动物来源的铁质）不能帮助减少出现经前期综合征。所以就此研究，我认为素食者或能降低经前期综合征发生的风险。

3. 镁质。镁质的补充剂一向可改善情绪、水肿、胸胀和失眠，有证据显示足够的镁质可以帮助减轻经前期综合征的水肿情况。而在一个研究中，给一群女士服用 200 毫克的氧化镁补充剂，只是测试了两个月，结果发现她们减少了体重上升、肿胀、胸胀的状况。日常食物中，不同颜色的蔬菜（特别是深绿色的蔬菜）、坚果种子类、黑巧克力等都含有丰富的镁质。

由于维生素D和铁质都未必能在一般的饮食中足量摄取，关于补充剂的使用分量和是否适合个人需要，请先咨询营养师再选购。

若你有经前期综合征的困扰，在未来每次月经来之前的14天，可以减少摄取咖啡因、糖、添加糖、高钠食物（包括罐头、腌制食品或者精制的包装食物）。不要摄取酒精，酒精会令经前期综合征的症状加剧，也会令身体流失更多已储存的B族维生素。

可减轻经前期综合征的食物：

钙质丰富的食物	深绿色蔬菜、坚果类、全谷物、豆类
维生素 D 丰富的食物	菇类、添加了营养素的全谷物早餐或饮料
镁质丰富的食物	深绿色的叶菜类、蔬菜、坚果类、种子类、豆类、全谷物、牛油果
B 族维生素丰富的食物	杏仁、全谷物、菇类、大豆、深绿色蔬菜、果仁、添加了营养素的全谷物早餐、牛油果、连皮焗薯、香蕉、花生等

首次主持新净二手衣物交换活动和咖啡磨砂膏工作坊，既有趣又环保。

咖啡磨砂膏（仅供身体使用）

自制磨砂用品，简单容易，而且用得其所。咖啡粉具有磨砂功效，橄榄油或牛油果油含维生素 E，对皮肤有益。

材料

咖啡渣

橄榄油（或牛油果油）

精油

步骤

1. 在玻璃瓶内放入咖啡渣至八成满，加入橄榄油（或牛油果油）至盖过咖啡渣（约九成满）。

2. 加入一两滴自己喜爱的精油，拌匀便成。

3. 放在浴室储存，需要时使用：局部磨砂所需用量约 2 茶匙，全身磨砂则需一两汤匙。

吃夜宵

我在美国加利福尼亚大学伯克利分校（UC Berkeley）学习的时候，有一位营养学专业的同学住在学校宿舍，临近测验考试或有作业要交的时候，他在晚上复习功课后，会到学校的餐厅吃夜宵。有一天上课时，得知这位同学缺席，而在那段日子，他已经不止一次缺席，我关心他的情况时，得知他缺席是因为胃痛到要进医院急诊室，而经检查后发现他患有胃溃疡。

长期吃夜宵的习惯的确令人容易患上胃病，以上就是真人真事的案例。在未患胃病前，吃夜宵首先是致肥的因素。假设你在睡前一两个小时前还在吃东西，或者吃饱就睡，身体没有活动就无法消耗那些多余的热量，还会将其储存成脂肪，这就是肥胖的原因。

2016年有研究指出，如果我们的晚饭和第二天的早餐之间相隔少于13个小时，会增加36%的乳腺癌复发风险（资料来源：JAMA Onconlogy，即《美国医学会杂志 · 肿瘤学》）。如果我们晚睡，睡眠质量又差，就会影响身体控制和运用糖分，不但致肥，也会增加罹患其他疾病的风险，例如糖尿病、心脏病，甚至某些癌症。

压力、休息和选择食物是有关联的，如果读书或工作的压力影响你的睡眠，而睡眠质量会影响你选择食物时的情绪，那么，你可能会因为感到有压力而想吃一些明知无益的食物，或者会因为想平衡心理而在工作时吃零食。这样的饮食习惯便会令我们选择一些营养密度低但热量特别高的食物，因而睡眠质量差亦影响我们的抉择。

南瓜子含有丰富蛋白质

以下的食谱中所用到的南瓜子，是我很喜欢的种子类小食。

南瓜子有丰富的氨基酸，而这些氨基酸正是我们身体产生肌肉所需要的营养素。28克南瓜子大概是85粒，热量大概只有126千卡，大部分的脂肪酸是不饱和脂肪酸，是健康的细胞保护膜，而它的蛋白质有5克，膳食纤维有2克。一只鸡蛋大约有7克蛋白质，而28克南瓜子已经含有5克蛋白质。

很多女士会因为减肥而减少食量，但吃得少仍然胖的大有人在，主要原因是平时的饮食中未摄取足量蛋白质，这也是导致肥胖、水肿的原因。

无论是减肥还是想锻炼身体的朋友，若想燃烧更多脂肪，应该摄取足够的蛋白质，南瓜子绝对是一个健康零食的好选择。做运动并配合补充蛋白质的饮食，可增加我们的肌肉质量，当肌肉比以前多，那么新陈代谢自然加快，就会在不做运动的时候，也可燃烧更多的热量和更多的脂肪。

预防吃夜宵和较好的夜宵选择

为预防吃夜宵，平时要早睡，尽量在夜晚11：00至凌晨1：00睡，新陈代谢会好些，不会打乱生物钟。

若必须吃夜宵，可以吃水果或一些烘干、脱水的蔬菜片来代替一些高热量的零食；喝水或低糖高钙豆浆；吃零脂肪原味植物酸奶配水果代替雪糕。

若想预防失眠，请避免很晚的时候看手机，蓝光会令我们更加睡不着，越晚睡就越会增加肥胖的风险。可在睡觉前一小时把你的电子设备切换到飞行模式。

南瓜沙拉

虽然南瓜的升糖指数（glycemic index）是75，属于高升糖指数食物，然而，南瓜的血糖负荷（glycemic load）是3，属于低血糖负荷食物。升糖指数表示碳水化合物消化后变成血糖的速度，血糖负荷表示每食用分量内食物含有多少碳水化合物。血糖负荷低于10，代表该食物对血糖的影响较少。血糖负荷高于20的食物往往会导致血糖飙升。

食材（3人份）

中型南瓜 300 克

沙拉菜 120 克

无花果干 50 克

柠檬 100 克

鹰嘴豆 150 克

南瓜子 28 克

蔓越莓干（或提子干）15 克

橄榄油 1 汤匙

营养标签

每食用量：	1份（310克）
热量	285 千卡
蛋白质	10.6 克
脂肪	10.3 克
– 饱和脂肪	1.6 克
碳水化合物	45 克
– 添加糖	17 克
膳食纤维	9.5 克
钠	17 毫克

步骤

1. 南瓜切条，蒸熟；鹰嘴豆洗净。
2. 无花果切丁。
3. 柠檬榨汁，连同橄榄油淋在沙拉菜上。
4. 加入鹰嘴豆、南瓜、无花果、南瓜子、蔓越莓干，拌匀。

助消化纤腰运动

瑜伽导师：邓丽薇

中文翻译：陈惠琪

功效：改善排毒系统，缩小腰围

健康的消化系统对我们的整体健康至关重要，简单的运动可以帮助我们排走身体不需要的垃圾（宿便等毒素）。

赴约节日盛宴、自助餐时，与朋友大吃一餐，让你感觉腹胀、胃部不适？不要担心！坐“金刚坐姿”以帮助餐后消化。

金刚坐姿（Vajrasana - Thunderbolt，P. 120图 1 、图 2）：

1. 跪在瑜伽垫上。
   - 坐在脚后跟上。
   - 脚背朝下。

   （如果脚踝或臀部肌肉绷紧，在两腿之间放置一两个枕头。）

   说明：这有助于减少腿部的血液循环，并使所有血液流入消化系统。如果坐姿不舒服，可尝试盘腿而坐。

2. 想象头顶有一根线向上提，腰背轻松挺直。
3. 保持坐姿 5~10 分钟。

1

2

功效：排毒

半鱼王式（Ardha Matsyendrasana，P. 121图 3 、图 4 ）：

1. 坐在瑜伽垫上。
2. 屈曲右膝，大腿牢固地贴在地上。
3. 屈曲左膝，左脚踩在右大腿外侧。
4. 吸气，收腹坐高，上身向上拉长。
5. 呼气同时向左扭腰，右手肘贴住左大腿。
6. 右肩带动左肩转向左、向后。
   - 将左手放在地上或瑜伽砖上（以支撑脊柱）。
7. 维持姿势，停留三四次呼吸的时间。
   - 吸气时拉长上身，呼气时可再向后扭腰，加强伸展。
8. 另一侧重复以上动作。

Chapter 4

28 岁以后
由内而外美出来

心态决定境界

在我修读硕士课程的时候，认识了一班非常好的老师和同学。在学校，老师除了教授学科上的知识，还分享一些日常生活中必须实践的练习，让我们自我调节和改变心态，只要心态有所转变，便可以对任何人和事物更宽容，从内心感到愉悦，进而爱笑，最重要的是提升内在美，从而令外在也显得美丽。

以下是我现在还会每天做的10个练习。

1. 好好运用感知和触觉

要善用我们的眼睛、耳朵、鼻子、舌头、身体的感觉。吃东西的时候，我们会先看到食物，看到了便开始流口水，这是眼睛发信息给大脑，大脑会向胃部传递信息："要分泌消化酶了！"流口水的同时，会闻到食物的香味，刺激消化系统开始工作。吃到食物的时候，会尝到食物的口感：软或硬，热或凉；味蕾可感受不同的味道。咀嚼食物时会有声音，耳朵也会听到，或听到其他人分享这食物好不好吃。触觉是夹起食物、舀食物，或用手吃食物时的感觉——是太熟还是太生？

嗅觉和味觉都可以帮助我们分辨食物的新鲜程度和是否变质。例如经常在酒店和餐厅吃的豆腐，有时会因为煮前没有做好保鲜，到我们吃进嘴巴时发现它变酸变坏，都是感官让我们知道的。

2. 和任何人的互动，都是给自己表示友善的机会

有些人可能是我们不想见到的，但在不可避免的情况下与他见面和接触时，可以用比较正面、善良的心态去聆听和对答。试试用这个方法面对上司、敌人，或不是很友好的朋友等，或许会有不一样的体验。

3. 我们的生命、日常生活其实是一种动态

时间点滴流逝，每天如果做一些比之前更进步、对自己更好、对地球友好的事情，就可以说配得上这个大自然，让大自然和我们的生活都变得更好。

例如面对全球升温，在日常生活中可以做到的是多乘坐公共交通工具、多步行；在购物时，多购买本地商品，减少碳排放。进口的食物或商品需要远程的交通运输，所以碳排放量较高。要减少碳足迹还可以自己种植番茄、罗勒、薄荷等，我家就长期有新鲜罗勒叶可供食用。

4. 我们是初学者

承认自己在某些事情或某些技能上是个初学者。例如可以说，我对健康饮食是初学者、我对体重管理是初学者、这项运动我是初学者等，这样可以减少生活上的压力。另外，对自己不要有太大期望，失望便相对较少。例如我会说我写书是初学者，按部就班去做，订立的目标可能很小，但大事会因小事的慢慢积聚而成功。

5. 有危就有机

在遇到危机、危险的情况下，要问自己到底有什么化解的机会呢？有危才有机，就算是大难临头的时候，都要向正面的方向想，是不是有很多可能的出路呢？例如有一份工作，你做得很好，工资也不错，但其实一直都无心也无热情，那么你的危机可能是离职或是公司有人事调动。但如果你往正面方向思考："虽然我放弃这份工作，而新工作工资较少，但是我可能热爱新工作，会珍惜每一刻。"那么这会是个让自己活得更精彩的机会。

6. 有效率地做出行动

我们可以提出要求，让某些事情发生，或要求别人给予资料、帮助，或者具体的某一样东西。拒绝一些自己能力所不及的，或者不符合个人价值观的事情，也可以主动提出其他方法，例如别人给你开出A条件，但是你可以用B条件去谈，看看能不能争取到更好的方案。

7. 人生无常

我们经常说人生无常，就是说每天不会是一模一样的，一定会有些意料之外的事情。我们计划将来的生活或旅行的行程，其实都要抱着"这件事或许会改变"的想法，要认同"这件事不清晰，不是百分百知道事情的发展会怎样"，接受事情及人生皆无常。

8. 决定今天的心情

我们要决定今天心情是很愉快的、是感恩的、是伟大的，一早给自己定下目标，就可整天都保持正面的心情。到晚上休息时，回想整天是不是都以这个大方向度过；对自己的评价很理想，还是今天发了很多次脾气，回想起来是否会后悔自己不应该这样对别人说话呢？

9. 小毛病是我们的老师

我们都会有小毛病，例如头痛、打喷嚏、皮肤瘙痒、眼肿、水肿等，大家未必每次都去看医生，有时会忍着头痛或胃痛继续生活、上班上学。其实这些小毛病是我们的老师，它们是盏很清晰明确的警示灯，告诉我们身体哪个地方需要特别关注。我们就要按着这些警示灯照顾好自己，对身体的健康负责任，小毛病就不会经常来了。

10. 我有一个美好的人生

想要美好的人生，要先对自己声明："我拥有美好的人生。"或者不要用长远、很大、很高的角度去看美好人生，直接先说今天。对于今天将要去做的事，先去想象完成该事的画面，这样做其实是在潜意识中打了一支"强心针"，做事会更开心、更放松、更容易。举个例子，听一个笑话，第一次会觉得很好笑，但第二、三次或几次后，仍会觉得很好笑吗？其实听第三次的时候已经麻木了，未必会像第一次听到时那么好笑了。相反地，如果我们遇到一件很难过的事情，第一反应会不开心，心里不舒服，想哭，但不需要为了同一件事哭太多次，或在负面情绪中兜圈。可以看着情绪，感觉情绪的存在，给自己一点空间，不舒适的感觉会慢慢消除。

希望这些练习大家每天都可用到，心态有所改变，美丽便由心出发。

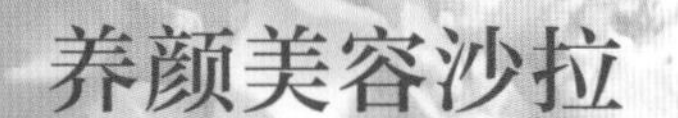

养颜美容沙拉

这款沙拉含牛油果、西瓜及藜麦等多种有益食材，最后淋上酱汁，可养颜美容。

营养标签

每食用量：1份（208克）	
热量	247千卡
蛋白质	3.7克
脂肪	1.5克
－饱和脂肪	2克
碳水化合物	28克
－添加糖	15.5克
膳食纤维	5.1克
钠	300毫克

西瓜

西瓜是红色水果，含番茄红素、维生素 A 和花青素等营养素，有抗衰老作用。藜麦含丰富铁质及维生素 B_2（核黄素），若有贫血、面色苍白等问题，补充铁质有助于脸色红润，而维生素 B_2 则能促进皮肤新陈代谢。一杯藜麦有 8 克蛋白质，是含有丰富蛋白质的主食。橄榄油含丰富的单不饱和脂肪酸、维生素 A 及维生素 E，可滋润及修补受损的皮肤。

食材（2 人份）

熟藜麦 60 克

沙拉菜 120 克

西瓜 150 克

牛油果 85 克

酱汁

橄榄油 1 汤匙

青柠汁 1 汤匙

黑醋（或苹果醋）1 汤匙

枫糖浆 1 汤匙

海盐 1/4 茶匙

步骤

1. 将藜麦煮熟，沥干备用。
2. 橄榄油、青柠汁、醋、枫糖浆、海盐混合成酱汁。
3. 牛油果及西瓜切丁，加入沙拉菜中。加藜麦拌匀，淋上酱汁。

倒转三角形

女孩子即将踏入30岁，生理或心理上都会有很多顾虑。随着年龄增长，新陈代谢会越来越慢，如果饮食习惯没有改变，晚上外出吃饭或吃得比早餐更丰富，热量又高的话，持续下去脂肪会慢慢累积，体重也会上升。倒转三角形理论用于教育需要减重的人士，最近一些研究报告也提出，如果早餐的热量比晚餐的热量多，简单地说，即早餐营养及热量都最丰富，而晚餐清淡的话，减肥成功率会更高。

2013年Obesity Journal（《肥胖杂志》）就提到一个为期12周的研究实验，该实验邀请了70多个参加者，随机分派他们到两组，每组分别都是一日吃三餐，热量相同，都是1400千卡。不同之处就是，A组的早餐丰富，早餐的热量比例高过午餐和晚餐，分量和营养都比其他两餐多，午餐是中量，晚餐是最少的分量；而B组是相反的，早餐分量少，热量少，午餐比早餐多，而晚餐是三餐中热量最丰富、分量最多的。

12个星期后，A组和B组的体重都有所减轻，但整体来看，A组体重平均下降10千克，而B组体重平均下降约4千克。在12个星期后，腰围方面，早餐最丰富的A组从平均110厘米减到100厘米；B组从平均110厘米减到108厘米左右，变化比较少。凭这个实验可以证实，进食的时间性是关键，如果晚餐比较清淡，而早餐是整日最丰富的话，减肥效果较佳。

为何我们什么都不改，只是改变进食的时间就会有这么大影响呢？因为早些吃最丰富的东西，在晚上休息的时候，可以帮助改善休息时消耗的能量，也会改变在吃东西时要消耗的能量。也就是说，我们越晚吃热量最丰富的那餐，就会有多余的能量，在晚上变成脂肪了。

越晚吃东西越容易肥胖，这句话的重点是我们不只要注重吃些什么食物，还要注意什么时候吃东西。我们要好好控制食物的分量，在比较晚的时间，就更要控制食物的分量，这样就能更有效控制体重。

罗汉果花茶

你是否经常饮用盒装饮品呢？盒装菊花茶的主要成分是水、白糖、菊花茶抽取物、调味剂和抗氧化剂，排名第二的成分便是糖。经常饮用盒装含糖饮品（如菊花茶，相当于 4 茶匙的糖），当然容易肥胖。所以我教大家自制罗汉果菊花茶。

食材
（可制作 1 杯）

罗汉果 1/2 个
干菊花 5~10 朵

步骤

1. 将打碎了的罗汉果及菊花放进杯子里。
2. 视个人口味调节浓度，倒入 250~500 毫升开水，加盖闷 20 分钟，即可饮用。

罗汉果

近年非常流行提取罗汉果中的糖来作为甜味剂或代糖。罗汉果本身含很少热量（15 千卡），其中的甜味成分被称为罗汉果糖苷 V（mogroside V），其食用后不被肠道吸收，所以会排出体外，不会转化变成热量。喝了也不会令血糖急升，非常适合想减重或控制糖分摄取量的人士。

罗汉果可以清热润肺，有清暑解渴和润肠通便的功效，不过罗汉果是凉性的，在经期的女性或容易头晕的人，要避免饮用。搭配的菊花可以明目清肝，这两种材料可在胃热、上火或喉咙不舒服时饮用。

多感恩静心

最近和一伙新相识的朋友，十多人围在一起，对我们统筹的活动做汇报和提出建议。我对其中一位女生印象特别深刻，因为她总是以感恩、赞扬别人的方式分享意见，而不是像一般人说“我觉得我们应该这样、那样”“我开心还是不开心”等。

日常生活中，我们常常欠缺感恩的心，会用自我的模式去看事情和自己的际遇。有句话叫作“take it for granted”，中文意思是所有事情发生在身上都是理所当然的，例如我可以去外国读书、父母要供我到海外留学、支付昂贵的学费、毕业回来有公司聘请我、有房有车等都是理所当然的。可是只要细想一下，便会明白这些事情未必是所有同年纪的朋友都会遇上。世界各地有数以千计的人无家可归，有人从小到大都没有父母疼爱，有人没有读书的机会，所以我们有书可阅读，能学到知识，在生活中拥有种种东西等都值得感恩，总之，我们活在世上便是一份礼物。

即使遇上失恋、分手、离婚或者受长期病患困扰，我们都要调整情绪。人生不如意事常八九，用什么样的心态去令自己每天都愉悦地生活呢？这是我每天都在练习的人生课题，邀请你一起做以下练习。

第一，练习多感恩，对人和事物都有感恩的心。感恩父母的养育之恩；感恩兄弟姐妹的陪伴爱惜，以及朋友、同事、长辈的支持和鼓励；感恩看到彩色的世界，听到动听的声音、海浪声，尝到食物的味道，闻到花的香味；感恩有能力用言语沟通，抒发自己的情绪；感恩免疫系统帮我们预防细菌病毒感染，令我们有健康的身体应对每天的生活；感恩每天有24小时做我们希望做、喜欢做的事；感恩有工作，可以给我们安稳的生活。人生是充满意义的，我们常说“很忙”，其实是比较负面的，如果可以练习说“很充实”，便变得比较积极正面。

感恩你最好的朋友，不论你喜悦或悲伤都在身边支持、协助、扶持；也要感恩假想敌，因为他们令我们知道哪方面做得还不够好，让我们有进步的空间；感恩对我们说早安的路人，或是对你微笑的陌生人；感恩生活上遇到的种种挑战，让我们有学习的机会，令我们变得更加成熟。

第二，练习静心、静坐、冥想。很多研究证明冥想可以帮助我们减轻压力和转化负面情绪。都市人每天都在快节奏的、需求大于供给的环境下生活，工作压力、学习压力、生活压力、疾病压力等都令我们容易有负面情绪。我们需要做一些事情去令自己的内在环境变得更正面和理想。英国将冥想列为中学、小学的课程，推广静坐，对小朋友、青少年的心灵发展有很大帮助。每天要应付困难时，如果思想正面积极，心情很容易得到调整，会变得开心。

越来越多研究证明冥想的好处，尤其是能够帮助青年人自我了解，既可以处理情绪，也可增加专注力。有研究证明，冥想可以培养洞察力，在日常生活中帮助我们认识自己、提升情商。

一个很简单的5分钟静心方法就是数呼吸。这是一种“心的练习”（heart exercise），在一个安静的环境舒服地坐下，坐姿怎样都可以，双脚放地上或者盘腿，只要腰部挺直，下巴微微向颈部收便可以了。用1~5分钟的时间，闭上双眼，双手掌心向上，放在膝盖或大腿之上。用鼻吸口呼的方法：鼻吸的时候心里数5~8秒，呼气时也数5~8秒。用口呼气时好像吹蜡烛，细小而长地把气呼出去。也可将双手放在肚脐附近位置，当吸气时便会感觉肚子像气球一样胀了，而呼气时就好像气球放了气一样。

这个简单的呼吸练习，如果配合安静的心灵一起做，便能增加专注力和智慧。当遇到困难时，可以专注于呼吸，不要专注在一些不开心的事情上。当呼吸是宁静、放松的，我们就可以将情绪抽离，容易处理心情。

冥想可以帮助我们处理情绪，认识自己，再通过认识自己去培养智慧、改善沟通。希望一起多些练习，成为更开心的人，这是我每天的目标。

墨西哥夹饼配全素芝士

全素芝士

食材（可制作8块）

原味腰果55克

木薯粉1/4杯

柠檬汁1茶匙

酵母粉1½汤匙

盐3/4茶匙

清水1¼杯

营养标签

每食用量：2块（115克）	
热量	264千卡
蛋白质	6.2克
脂肪	12.8克
－饱和脂肪	2.1克
碳水化合物	36克
－添加糖	2.9克
膳食纤维	6.2克
钠	460毫克

步骤

1. 预先浸泡腰果，放一锅沸水中煮10分钟，沥干备用。

2. 柠檬汁、盐、腰果、木薯粉、酵母粉及清水加入搅拌机中搅拌2分钟。

3. 烧热不粘锅，将材料加入，用木勺不断搅拌，以慢火加热5分钟或煮至混合物浓稠即成。

墨西哥夹饼

食材(可制作8块)

全素芝士适量

玉米薄饼4块(130克)

牛油果1个(150克)

番茄1个(140克)

玉米粒40克

步骤

1. 牛油果切片、番茄切丁。

2. 将全素芝士涂在薄饼上，加上一半牛油果、番茄、玉米粒，再盖上一层薄饼，切成4等份。另外2块玉米薄饼和余下食材重复以上操作即可。

女人要增肌

为什么说女人要增肌？女人到了30岁左右，就会发觉新陈代谢变慢，吃得多便容易胖，但吃不多仍然觉得胖，这是因为平时运动不够，或者没有刻意锻炼肌肉质量。肌肉赋予我们体力和耐力，每天都会有新的肌肉纤维合成，也有肌肉纤维被分解，做剧烈运动时，肌肉其实是正在被分解。如果运动之后没有补充足够蛋白质，协助肌肉修复或增长的话，肌肉质量就会随之下降，所以要锻炼良好的肌肉质量，甚至是增肌，就需要有充分的蛋白质和抗重力的运动，即负重运动。

肌肉随着年龄增长而流失，如果我们看一位30岁左右女士的横切面肌肉脂肪分析图，就会发现原来肌肉占70%~80%，外面是皮下脂肪，中间是骨骼。但当到60岁、70岁时，这个现象就会相反，横切面50%以上都是脂肪，而肌肉就缩到很小。例如平时说的“拜拜肉”，就是脂肪多于肌肉的现象。如果可以预防肌肉流失，就可以减少脂肪积聚，而脂肪百分比（体脂）都会较低。在25岁左右，肌肉质量和强度都是最高峰；30岁开始就会流失肌肉，向下坡走。踏入40岁之后，肌肉量每10年就会跌8%，这个流失8%的速度就会随着年龄增长而递增，直至70岁，每10年肌肉就会减少10%。

肌肉和骨骼息息相关。我们常说骨肉相连，就是说肌肉要强、要足够，才可以预防骨折，所以要有强壮的骨骼，更需要有足够的肌肉质量。如果肌肉质量流失，也会增加患病的风险，例如糖尿病、心脏病、中风、血管疾病引致的死亡。刚刚提及的“骨肉相连”是传统的讲法，例如中国人常常说“我们和母亲骨肉相连”。而现在科学文献上都有显示，如果患有骨质疏松症，同时患有肌肉减少症的比率接近六成。如果患有肌肉减少症，跌倒和骨折的风险也会增加两三倍，所以肌肉增加新陈代谢，积聚的脂肪便会减少，减重的效率也会增加。

那么要做些什么去增肌呢？就是每餐要进食蛋白质充足的食物，例如豆类、坚果、种子。饮品可以是植物奶、豆浆。豆浆所含的蛋白质约是每日所需蛋白质的1/5，所以可以选高钙无糖或低糖的豆浆以取代牛奶（牛奶中含有胆固醇和天然雌激素，会增加性早熟或患癌症的风险，另外有些人不适合饮牛奶是因为他们有乳糖不耐症或对牛奶蛋白过敏）。

南瓜子中有一种氨基酸是其他植物中含量较少的，叫作亮氨酸（Leucine），这种氨基酸会产生一种代谢物，作用有如发动引擎的钥匙，能增加肌肉的制造和减少肌肉的流失。可以在竹笋、牛油果中找到这种氨基酸，而这种氨基酸在南瓜子中含量比较多。

我在工作和外出时都会带些零食，上班会带循环再用的薄荷糖小盒子，装一些混合的果仁种子。南瓜子通常可以买到原味的、无添加调味和无油的，大概每天吃1汤匙就够了，也可以加蔬果汁打匀来饮用。南瓜子含有植物性蛋白质，如果以每100克食物计算，它的蛋白质含量约为33克，相比之下，花生酱有25克，豆腐有17克，鹰嘴豆有9克，大家可多吃南瓜子，它是非常好的蛋白质来源。我读硕士学位的时候，和同学在家中制作了一个素汉堡，主要就是用黑豆和南瓜子一起做的，真是非常美味。

每年我和妹妹都会回母校主持素食工作坊，那次我们分享了黑豆南瓜子汉堡的食谱。

不要忽视上半身肌肉线条的锻炼，这个壶铃看似很重，其实也颇轻的，嘻嘻。

红腰豆南瓜子汉堡

食材（可制作 12 个）

熟红腰豆 1¾ 杯（可替换为 3/4 杯干红腰豆或 1¾ 杯熟黑豆）

葵花子 55 克

干牛至叶 1/2 茶匙（可不加）

南瓜子粉 120 克

椰子油（或食用油）2 茶匙

调味料

盐 1/2 茶匙

小贴士

配搭这个汉堡，食用时蘸上粒粒牛油果酱（见 P. 64 食谱）会更棒。

营养标签

每食用量：	1 个（55 克）
热量	130 千卡
蛋白质	5.9 克
脂肪	8.1 克
－ 饱和脂肪	1.8 克
碳水化合物	10.4 克
－ 添加糖	0.9 克
膳食纤维	3.1 克
钠	100 毫克

步骤

1. 将葵花子放在平底锅以中火加热至发胀（约 3 分钟）。用搅拌机将葵花子打碎。

2. 锅烧热后下油，加入干牛至叶后再煎 1 分钟。

3. 将红腰豆分次加入锅内，每次用叉压成豆泥。一直搅拌至所有液体收干并变成厚厚的豆泥，熄火备用。

4. 待豆泥稍微降到室温，把葵花子和南瓜子粉加入拌匀，可加少许盐。

小贴士

在最后阶段，豆类混合物变得非常黏稠但不完全干燥。

5. 把豆泥捏成长 30 厘米、直径 7.5 厘米的圆柱形状，然后切成 12 等份，裹上南瓜子粉（配方用量外）。

6. 烧热平底锅，倒油（配方用量外），将汉堡每面煎约 2 分钟至金黄。需要的话再加多点油，趁热盛盘。最后用红灯笼椒、黄灯笼椒、白萝卜或其他喜欢的蔬果装饰即可。

小贴士

可使用搅拌机制作南瓜子粉。

省钱环保小贴士

省钱环保小贴士有很多，其中最多人响应的，就是外出时自备环保袋，除了可以减少使用塑料袋，环保袋款式设计多不胜数，手持环保购物袋更是一种潮流。以下分享一些支持环保的行动，希望大家响应之余也鼓励身边的人爱护地球。

自备环保餐具

平时购买外带饮品时，可自备不锈钢或循环再用杯，一来环保，二来能够保持饮品温度，一举两得。一般外卖纸杯加上塑料盖，不环保之余也会影响饮品的味道。玻璃瓶装的饮品，享用完饮品后可给店家回收，或将玻璃瓶带回家，循环再用，用来装茶叶、坚果、种子或插花等。如果家中种植有盆栽，可将生长迅速的植物分盆，放入玻璃瓶中继续栽种，置于家中不同角落当作装饰，令人耳目一新。

可折叠的硅胶饭盒非常方便又环保。有时外出用餐，分量太多想打包，餐厅几乎都是用塑料盒或发泡胶盒作为外卖盒，吃完便弃，很不环保。自己带饭盒就可将食物带走，不浪费又环保。除了饭盒，平时外出也可自备餐具，叉子、筷子、勺子、不锈钢吸管等，尽量避免使用一次性的塑料或木制餐具。你可能以为木筷子比较环保，但事实是它充满细菌，或曾浸泡了化学物品漂白，经常使用对身体无益。

天然清洁剂

无论是日用品还是饮品的玻璃瓶，都可以花花心思和创意重新使用。这就是好友在家中的摆设。

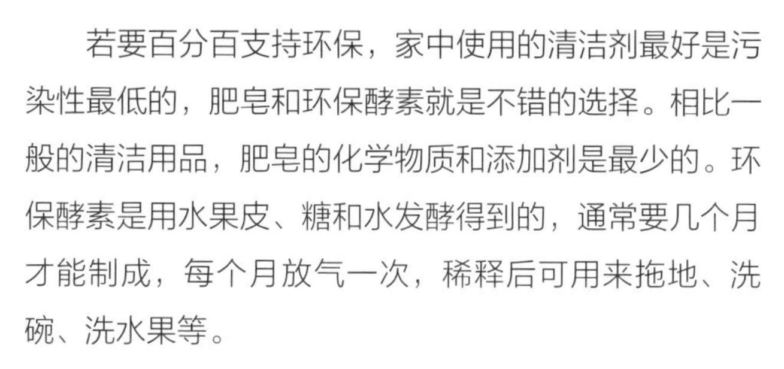

若要百分百支持环保，家中使用的清洁剂最好是污染性最低的，肥皂和环保酵素就是不错的选择。相比一般的清洁用品，肥皂的化学物质和添加剂是最少的。环保酵素是用水果皮、糖和水发酵得到的，通常要几个月才能制成，每个月放气一次，稀释后可用来拖地、洗碗、洗水果等。

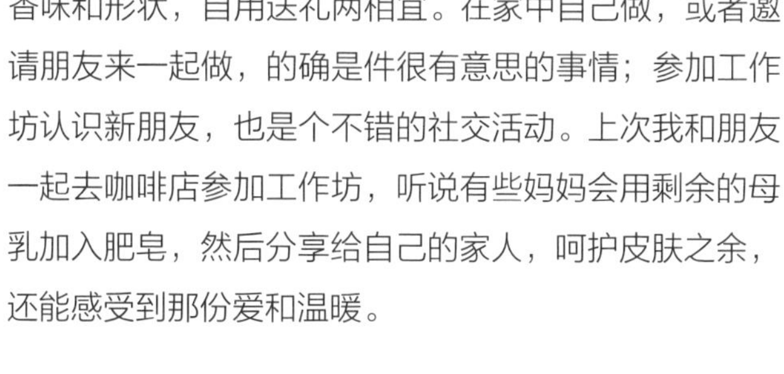

使用肥皂来清洁皮肤，是时下青年流行的话题之一，因为除了环保，还有人把制作肥皂当成一种乐趣，开班教学令更多人知道肥皂的好处。自制肥皂可以选择香味和形状，自用送礼两相宜。在家中自己做，或者邀请朋友来一起做，的确是件很有意思的事情；参加工作坊认识新朋友，也是个不错的社交活动。上次我和朋友一起去咖啡店参加工作坊，听说有些妈妈会用剩余的母乳加入肥皂，然后分享给自己的家人，呵护皮肤之余，还能感受到那份爱和温暖。

朋友的婚礼回礼礼物是自制的环保酵素。

外出携带小手帕

我记得以前爷爷外出时，身上一定会有一条精致的手帕，每次款式都不一样，令我在小时候就懂得，出门带手帕既环保，也能以备不时之需，吃东西后擦嘴、擦汗、洗手后用来擦干双手等，可以减少使用纸巾。

购买或捐赠二手衣物

这是女孩子们越来越支持的环保活动。我在美国工作时，经常去二手衣物店逛，跟逛商店没有太大分别。衣物都是分门别类摆放的，而且商店和衣物都很整洁。我曾经买过很多衣物，上班、休闲的二手衣服都有，甚至有些是有品牌的。在欧洲很多人都会买二手衣服来穿，因为他们走的是复古风（Vintage Style），复古款式的衣物，只有二手店才有。

除了购买二手衣物，捐赠衣物也是支持环保的方式。家中的衣物有时是因为某些场合需要，只穿了一次；有时可能是旅行时因天气所需而买；有时是喜新厌旧要买全新款式的，只要不是不能穿、不能用，能捐的话就不要浪费，将它们给予有需要的人。

香港没有大型的二手店铺，只有小规模的，有时我去逛，能用合理和较低价钱买到称心满意的衣服，真是比买新衣还开心。最后想提醒大家的是，假如有意捐赠，将衣物放到回收箱前最好将衣物分类，即分为夏季和冬季，以便捐赠给不同需要的人群。

我在韩国探望朋友时，一起写这篇《省钱环保小贴士》。

玫瑰生机巧克力

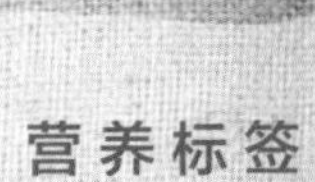

营养标签

每食用量：	1块（10克）
热量	48千卡
蛋白质	0.8克
脂肪	4.3克
－饱和脂肪	2.3克
碳水化合物	3.5克
－添加糖	1.4克
膳食纤维	1.2克
钠	1毫克

食材（可制作 30 块）

夏威夷果仁 15 克

南瓜子 10 克

无花果干 15 克

干枸杞子 5 克

干玫瑰适量

生可可粉 100 克

生可可脂 100 克

生龙舌兰蜜 50 克

步骤

1. 将无花果干切丁，夏威夷果仁随喜好切碎或原粒使用。
2. 用水浴法加热可可脂，搅拌至完全化开。加入生龙舌兰蜜再拌匀。
3. 将生可可粉逐量加入并搅拌成巧克力浆。
4. 将干玫瑰连同巧克力浆倒入胶模，最后加入无花果、果仁、南瓜子、干枸杞子。
5. 放进冰箱冷冻约 30 分钟至巧克力凝固即可。

小贴士

配料分量可随个人喜好适量加减，生可可脂、生可可粉及糖分比例为 2 ∶ 2 ∶ 1。

紧致肌肤运动

瑜伽导师：邓丽薇

中文翻译：陈惠琪

促进血液流动，就可抗皱和瘦脸？ 瑜伽真的对我们的外观有帮助吗？

是的，健康和美丽肌肤的配方是要吃得好并伴随运动。每天活动，保持身心健康。一个活跃、健康的身体会产生内啡肽，这会激发对健康的正面、积极感受。

反转（颠倒）

在瑜伽中有很多不同的反转姿势，练习倒置时请注意，如果有任何心脏疾病，请事先咨询医生。

下犬式（Adho Mukha Śvānāsana，P. 152图 1 ～图 3 ）:

1. 在瑜伽垫上跪下，手掌按在地上。
   - 双手距离与肩宽距离一样，手指张开。
   - 膝盖与骨盆一样宽，脚趾抓地。
2. 手用力向下按，同时将上身推向脚部。
3. 臀部向天空翘起（从侧面看，身体像一个三角形）。
   - 稍微弯曲膝盖。
4. 头部垂低，望向脚尖或双脚方向。
5. 手继续用力向下按，同时进行收腹和臀部肌肉收紧动作。
6. 保持姿势，停留 3~5 次呼吸的时间。

这个姿势是全身锻炼，可以将腿筋拉伸到小腿（当腿伸直时），还可以拉长脊柱，同时锻炼手臂、肩膀和腹部肌肉。

初学者可以保持3~5次呼吸的时间，一旦掌握了，就会喜欢这项练习。记得放松颈部，让头部垂低，让地心吸力发挥作用，使血液流向头部。可帮助消除疲劳、恢复精力，必须定期练习以获得更好的效果。

吃素需注意的营养素

蛋白质

一般成年人每千克体重每天需要0.8~1克的蛋白质。奉行素食的人士容易担心无法摄取足够的蛋白质，其实黄豆就属于完全蛋白质，是最佳的植物蛋白质来源。日常饮食中建议每餐都含有豆腐、豆类。坚果种子可作为小吃，也可入馔，或制成坚果酱。

食物	分量	蛋白质（克）
燕麦	1/2 杯（生）	5
藜麦	1/2 杯（熟）	4.1
毛豆	1 杯（熟）	14
红腰豆	1 杯（熟）	14
黄豆	1 杯（熟）	28
北豆腐（老豆腐）	1 块（约 260 克）	21
南豆腐（嫩豆腐）	1 块（约 160 克）	7
豆干	100 克	15
素鸡	100 克	16.5
豆奶	1 杯	7
花生酱	1 汤匙	3.5
花生	100 克	12
开心果	100 克	20.6
杏仁	100 克	22.5
奇亚籽	12 克	2

钙质

钙质有助于巩固骨骼和牙齿，有助于降低日后出现骨折的风险，也有能协助心脏和肌肉收缩以及神经传递等作用。一般成年人每天约需要800～1000毫克钙质。50岁以上人士更需要1200毫克。素食人士除了可多进食豆类及深绿色蔬菜，也可选择添加了钙的植物奶。

人体对植物性食材的钙质吸收率约为60%，对乳制品的钙质吸收率约为30%。

食物	分量	钙质（毫克）
全麦面包	100 克	163
黄豆	100 克	191
茄汁豆	200 克	100
加钙豆奶	1 杯	275
北豆腐（老豆腐）	120 克	126
芝麻	1 汤匙	100
杏仁	30 克	107
橙子	1 个	60
西蓝花	300 克	150
木耳	20 克	147
菜心	250 克	240
菠菜	350 克	231
芥蓝	250 克	303

铁质

铁质可帮助身体制造红细胞及血红素，血红素的主要功能是运送氧气至各器官。一般男士每天需要8毫克，而女士则需要18毫克。长期缺铁会引致贫血，令身体容易感到疲倦及在运动后感到气促。植物来源的铁质大多来自瓜菜及豆类食物。另外，维生素C有助于吸收铁质，因此建议应多摄取柑橘类水果和深绿色蔬菜。

食物	分量	铁质（毫克）
藜麦	1/4 杯	3.9
早餐谷物	1/2 杯	2.5
黄豆	1/2 杯	4.4
小扁豆	1/2 杯	3.3
北豆腐（老豆腐）	1/2 块（约 130 克）	3.7
菠菜	100 克	3
紫菜（干）	10 克	5.5
无花果干	100 克	4.5
牛油果	1/2 个	1
葡萄干	100 克	9.1
西梅汁	1/2 杯	1.5
小麦胚芽	100 克	8.2
杏仁	100 克	2.2
芝麻酱	1 汤匙	1.1
葵花子	100 克	5.7

维生素 D

1~70岁人士每天大概需要600 IU 维生素D，71岁以上需要800 IU。素食人士除了在饮食方面选择添加了维生素D的豆奶和早餐谷物外，也可多晒太阳，让皮肤自行制造维生素D。建议不涂防晒霜的情况下，在和煦阳光下晒10~15分钟便足够每天所需。

另外，冬菇或木耳采收后，若以日晒处理，可大大提高其维生素D含量。

食物	分量	维生素 D（IU）
豆奶（添加）	1 杯	100
早餐谷物（添加）	100 克	200
植物黄油（添加）	1 茶匙	20
橙汁（添加）	1 杯	100

维生素 B_{12}

维生素B_{12}的主要功能是组成红细胞，并维护神经系统的运作。一般成年人每天大约需要2.4微克。由于维生素B_{12}是由细菌发酵而成，任何食物中都不天然含有维生素B_{12}，因此，素食者就需服用B族维生素补充品或选择添加维生素B_{12}的食物，以维护健康及预防贫血。

食物	分量	维生素 B_{12}（微克）
杏仁奶（添加）	1 杯	1.25
豆奶（添加）	1 杯	1.2
玉米片	100 克	5.4
维多麦（weetabix）	100 克	3
强化 B_{12} 的营养酵母	1 汤匙	2

锌质

锌质有协助身体制造蛋白质、维持酶的活性和肌肉收缩的功能。建议男性每天摄取量为14毫克；女性每天摄取量为8毫克。素食人士可多进食全谷物和豆类等食物以补充锌质。

食物	分量	锌质（毫克）
红腰豆	85 克（熟）	2.4
菰米	1 杯（熟）	2.2
玉米片	1 杯	1.4
全麦面包	100 克	1.76
黄豆	100 克	3.34
菠菜	100 克	0.85
西蓝花	100 克	0.46
干冬菇	100 克	4.2
杏仁	28 克	1.0
南瓜子	100 克	7.1
芝麻	1/4 杯	2.8
南豆腐（嫩豆腐）	100 克	0.57

碘质

碘是合成甲状腺激素的主要原料，有助于调节生长、发育及代谢率。碘摄入量不足或过多均会影响甲状腺功能，建议成人每天摄取150微克。藻类（包括紫菜和海带）是我们摄入碘质的来源之一，全素食者可适量进食。

若要进一步保存食物中的碘，可采用蒸或以少油炒等方法烹煮食物。

食物	分量	碘质（微克）
碘盐	5 克	150
海带	100 克	260 000
普通紫菜	50 克	3 650
原味零食紫菜	1 克	34

ω-3 脂肪酸

ω-3脂肪酸有抗发炎的效果。对于素食者来说，植物来源的ω-3脂肪酸主要为α-亚麻酸（ALA，alpha-linolenic acid），ALA在体内经转换能成为具有功效的EPA和DHA。素食者可多进食黄豆制品、核桃、坚果、亚麻籽、奇亚籽等种子，也可以直接补充海藻油。

食物	分量	ω-3 脂肪酸（克）
亚麻籽油	1 汤匙	7.26
亚麻籽	1 汤匙	2.35
奇亚籽	28 克	5.06
核桃	7 颗	2.57
芥花油	1 汤匙	1.28
黄豆油	1 汤匙	0.92
毛豆	60 克	0.28

简体版出版后记

《素食内外美》的创作最初是在我母亲的鼓励和推动下开始的，于2019年在香港出版繁体字版。感恩父母的一直支持，才让我终于达成出版书、分享营养学经验和心得的愿望。2021年出版的简体字版是原作的修订版，主要对其中的蛋奶食材部分进行了修订，变成了全素食版本。

2020年夏天我来到上海，经历了隔离终于和老公团聚，我感到很幸福，也特别高兴可以为更多人的健康贡献力量。我希望能守护大家的健康，一起重新照顾自己和家人的生活和饮食习惯。希望大家能找到多吃素的动力，渐渐增加素食比例，为健康（我的家）、动物、地球（我们的家）都多出一分力。也希望帮助更多朋友意识到全素饮食不但能带给我们匀称的身材，对身体内环境及心理状况的改善也同样重要。好身体、好气色会为我们带来更自信的笑容，也会给身边的人更多积极的影响。和这本书一起，来体验由内散发的美丽和自信吧！

在此要向很多人致谢！

首先要感谢卢丽爱医生给我介绍《我医我素》的合作伙伴，并通过其认识了中国轻工业出版社。

多谢万里机构的团队、中国轻工业出版社的团队、编辑晓琛、中文老师赉赉、老公伟文、妹妹惠琪、姑父、瑞志、梓罡、丽薇、每位恩人和客户，以及热心推荐人：马欣教授、徐嘉博士、吕颂贤、敖嘉年。也感谢身边所有支持、帮助我的家人和朋友！

可能是你认识的首位胎里素营养师　秋惠

图书在版编目（CIP）数据

素食内外美 / 陈秋惠著. —北京：中国轻工业出版社，2022.6

ISBN 978-7-5184-3551-7

Ⅰ. ①素… Ⅱ. ①陈… Ⅲ. ①素菜—菜谱 Ⅳ. ①TS972.123

中国版本图书馆CIP数据核字（2021）第119335号

责任编辑：王晓琛　　责任终审：李建华
整体设计：锋尚设计　　责任校对：晋　洁　　责任监印：张　可

出版发行：中国轻工业出版社（北京东长安街6号，邮编：100740）
印　　刷：北京博海升彩色印刷有限公司
经　　销：各地新华书店
版　　次：2022年6月第1版第2次印刷
开　　本：710×1000　1/16　印张：10
字　　数：200千字
书　　号：ISBN 978-7-5184-3551-7　定价：68.00元
邮购电话：010-65241695
发行电话：010-85119835　传真：85113293
网　　址：http://www.chlip.com.cn
Email：club@chlip.com.cn
如发现图书残缺请与我社邮购联系调换
220634S1C102ZYW